吃在台中

47家

風味餐廳
品味台中的食光記憶

作者／岳家青
攝影／張介宇

作者序

上一本書《尋味台中》，二〇一二年拍攝，二〇一六年才完成出版，盛夏拍攝。這次拍攝第一天，元月四日，強烈寒流來襲，元月二十一日拍完，寒流也結束、回暖，攝影師是同一位，介宇辛苦了！

《吃在台中》介紹了四十七家台中小吃與餐廳，這本新書，還是以台中為主軸，希望能從台中看吃的世界，新書增加兩個單元，第一單元台灣的國飯——滷肉飯，第二是米其林台中餐盤推薦與必比登店家介紹，新書也保留原來二十五家，保留的二十五家變化不少，有的從小女孩成了媽媽，有的再過幾年沒人接就要退休，也有女兒接手後，更有創意的發揮，但東西都一樣好吃。這次挖掘出更多好吃店家，佩服他們的是，無論大餐廳、小專賣店，對食物的執著，不苟且，用一生的心血，只做一件事，令人感動。

作者序

諷刺的是這段時間，也看到生意很好的川菜館，用火鍋肉片炒回鍋肉，客人也就傻傻地吃，花膠佛跳牆裡的花膠，比爆皮（乾豬皮）還難吃，豆酥鱈魚，魚上面幾乎找不到豆酥……

台中是個有趣的城市。一九五五年出生在八德街的外公家，隔壁是憲兵隊，對面是公路局保養廠，走路十分鐘，過了鐵軌，就到糖廠（現正興建的三井Outlet），抓鳥、撈魚、偷小火車上的甘蔗吃，六十六年了，台中變化太大，火車站到市中心的中正路、自由路附近，當年人擠人，如今到了晚上，十室九空，公益路以前是一片稻田，也沒有台灣大道，物換星移，書上報導的店家，很多都見證了這一段時光。

吃是主觀的，沒有什麼大道理，台中大麵羹與蔴薏就是最好的例子，這本書不是多美的文藻，只是平鋪直述地記載店家的歷程。

目次

〇〇二　作者序

輯一：台灣味・有特色

〇一〇　當歸味飄香，招牌豬腳香酥軟糯——南屯豬腳麵線
〇一六　口感綿密的芋頭米粉，在地好滋味——珍品小吃
〇二〇　隱身六米街，尋覓最暖胃的早午餐——古早味（東興市場）
〇二六　炒麵最夠味，一鍋湯熬出靈魂——梁嫂炒麵
〇三二　大麵炒＋豬血湯，最道地的台式早午餐——阿珠麵店
〇三八　好朋友回家吃飯，不需要固定菜單——大德街一三三號
〇四二　清鮮有味，一碗不夠再來一碗——元保宮肉粥
〇四六　烏醋、豬油入味，最特別的乾麵風味——饗厝味
〇五〇　來自台東，在地料理的好滋味——璞石閣玉里麵
〇五四　簡單陽春麵，一鍋肉臊養活一家人——阿有麵店
〇六〇　獨具特色的牛羊料理，讓你唇齒留香——牛布耕
〇六六　南投水里的阿婆麵，吃出家的溫暖——牛哥哥水里古早麵
〇七〇　堅持鴨肉料理，數十年的美味——盈成當歸鴨
〇七五　肉質鮮甜，價格樸實的鵝肉料理——新營阿添鵝肉

〇八〇　一碗肉圓配上豬血大腸湯，就是美味——康家小吃（堂肉圓）

輯二：外省味．最道地

〇八八　傳承老兵手藝，不添加最安心——外省麵
〇九四　現做的手工蛋餅，迷人的傳統滋味——邱陳記酥皮蛋餅
〇九八　四川家鄉作法，紅油畫龍點睛——董媽涼麵
一〇二　涼麵配新鮮魚丸湯，清涼又消暑——洪文記涼麵涼皮專賣店
一〇六　牛肉蛋餅加番茄醬，冰島御廚也說讚——三佳早點
一一二　眷村大餅與台式煎包，美味大融合——大明豆漿店
一一八　現做現包的美味，鐵皮屋下的隱藏美食——北平點心
一二四　原汁原味，精湛的湯包技術——上海點心之家
一三〇　皮薄有勁，精準熟練的好功夫——李記蒸餃世家
一三四　老麵頭發酵，便宜好吃又多汁——天津小狗子湯包

輯三：上館子．吃好料

一四二　龍眼木燻味，現烤現吃最佳享受——柴火火燄烤鴨

目次

一四七 漢堡堅持七分熟，道地的美式風味早餐——Burger Joint 七分SO美式廚房
一五二 落地窗、綠草地，好食慢慢享受——好食慢慢
一五七 用心做菜，簡單食材變身精緻法式好料——皮耶小館
一六一 筍鮮味美，竹筒飯清香好味道——竹之鄉風味餐廳
一六六 陳設美，又新鮮，晚去就吃不到的台灣味——小林無骨鵝肉海鮮
一七〇 清新現代風中餐廳，中西創意大比拚——恆日一九八九
一七四 肉香溢八方、令人食指動——品八方燒鵝
一七八 唯美的設計風格，餐點口感豐富而獨特——Bits&Bites 嚼嚼
一八二 踏實不花俏，眷村美食代表——孟記：復興餐廳
一八六 食尚新主義——飲食觀念：入口的是對烹飪的尊重

輯四：國飯．滷肉飯

一九〇 專注用心，限時限量的銷魂肉臊飯——嵐肉燥專賣店
一九四 美村路平價美食，滷肉豐腴軟熟——玉堂春
一九八 滷肉飯飄香，傳承小吃與家的風味——有春茶館
二〇二 豐原深夜美食，滷肉飯、肉粥都美味——阿旺澄食堂
二〇六 要肥要瘦，包君滿意的古早味——正魯肉飯

二一二 招牌竹筍滷肉飯，銅板美食料多實在——涼師父大腸蚵仔麵線
二一六 食尚新主義——台灣國飯：庶民美食的翻身

輯五：米其林・必比登

二二〇 嚴選食材，呈現道地的法式風味——法森小館
二二六 日式庭園，令人驚豔的酒席桌菜——与玥樓頂級粵菜餐廳
二三二 五星級烹調，藝術與飲食的交界點——麵廊 Meelang
二三八 日式禪風，無菜單料理，歡迎來吃飯——又見一炊煙
二四三 時髦早午餐，酸菜麵配酸梅湯——上海未名酸梅湯麵點
二四八 老字號人氣麵攤，米其林推薦的平價美食——阿坤麵
二五四 食尚新主義——米其林的困惑：美食的定義？
二五六 附錄：逛逛菜市場
二六一 跋

本書所提供的店家資訊，皆為採訪時的資料，實際資訊以店家提供為準。

◇◇ 輯一 ◇◇

台灣味・有特色

在飲食文化十分豐富的台中，
有許多店家堅持著呈現最道地的台灣料理。
不僅有早期農村發展下的在地美食，
也有來自海線的特色小吃，
各類麵食飯點，應有盡有，
一起來挖掘在地台灣菜的好滋味！

南屯豬腳麵線

當歸味飄香，招牌豬腳香酥軟糯

五權西路近黎民路口，有家豬腳麵線，斗大的招牌，但招牌的字，風吹日曬褪得快看不見。民國七十三年營業至今三十七年，兩代人了，兄弟二人，與太太還有姊姊，典型的台灣傳統家庭小吃店，現在的店面是買下來的，就在這不到五十公尺長的一排店面，從租房子、每天出攤，到買下店面，折騰了三次，生意剛剛做得穩定，房東不租了，不得已找旁邊的房子，一搬走，原址就掛起了豬腳麵線招牌，老客人分不出來，還是到原地址一吃，卻不是那個味，抬頭一看，才發現旁邊有一家，像是原來的豬腳麵線，下回來吃，才知道前次上當了，本店原來是沒有招牌（後來才掛上的）。

店裡的手藝是父親傳下來的，豬腳麵線是當歸味，很單純，一點中藥提味，主料當歸就很捨得用，淺褐色的湯底，柔和

的當歸味，還沒到店裡，遠遠就聞到了。

賣的品項很單純，當歸豬腳、當歸鴨、鴨下水、豬腸子、麵線、冬粉、米血，這些年也就多了肉臊[註1]飯與燙青菜，一份鴨肉麵線八十五元，最貴的豬腳麵線一百元，豬腳又大又有肉，好喝的湯，可無限續加，真是誘人。蘸[註2]醬很簡約，盡是台中味，東泉甜辣醬加醬油膏，寒流來時，一碗肉臊飯配一碗豬腳湯，吃得大汗淋漓，寒氣全消（拍攝當天，寒流來襲，老闆剁豬腳剁得汗流浹背，生意太好），老闆說他們的生意和天氣有很大的關係，天一熱，人就少；熱幾天，客人習慣就又回來了。

下水，也就是鴨的心、肝、胗，賣得比鴨肉還好。胗最難處理，手工切的胗，刀工不好，燙的火侯有個閃失，胗吃起來就會像嚼橡皮筋，咬不動。店裡用POS機、封口機，我問老闆POS機好用嗎？「太好

02 | 01

01 老闆在檔口前剁豬腳，神情專注而用心。
02 麵線配上熱呼呼的豬腳湯，滋味絕配！

用了！」以前客人常常為了誰先來後到，糾紛不斷，有了POS機，帳好算又清楚，客人之間更和諧。

老老闆是台中縣龍井鄉人，來台中創業，很早就退休，職業病，以前沒有機器輔助，都是手工剁豬腳，一天剁幾百斤的豬腳，想想那個畫面，真是，刀刀血汗錢。

起初想要報導這家店的念頭，但是看到老闆在櫃口前剁豬腳的樣子，心想：一定會碰一鼻子灰。聯絡後同意拍攝（又碰到最忙的時候），事後的採訪，深談後，真是人不可貌相，閻王面孔菩薩心。

店的位置是重磅的交通道路，每次去吃，總是會聽到：「誰的車停在門口？警察要來開單了！」接著下來就看到一堆人筷子一丟，衝去開車，結果還是找不到車位，回不來了（玩笑話）！

我問：「生意這麼好，要開分店嗎？」

老闆說：「找個寬敞的空間，客人停車又方便的地方，就夠了！」

知足常樂，這不就是台灣傳統小吃最可愛的地方嗎？

02 | 01

01 店內提供兩種蘸醬：東泉甜辣醬和醬油膏。

02 香氣撲鼻的當歸鴨麵線，鴨肉可蘸醬吃。

info

南屯豬腳麵線

- 地址：台中市南屯區五權西路二段702號
- 電話：（04）2389-8177。
- 營業時間： 10:30～21:30
  （除過年外無公休）

備註

1. 臊：(1)音ㄙㄠ，指肉的腥味。
   (2)音ㄙㄠˋ，指切小塊的肉。
2. 蘸：物體沾上液體。
   沾：浸濕，接近「染上」之意。

珍品小吃

口感綿密的芋頭米粉，在地好滋味

師父領進門，修行在個人，珍品小吃在模範街多少年？老闆夫妻倆也說不清楚，從一位芮姓外省人接手的小吃攤（總是在模範街附近推著賣），接手時，沒有隻字片語記載，只憑看的感覺，自己揣摩，不斷調整，才有了今天的「珍品小吃」，在模範街也成了地標（對面的早點也不遑多讓）。

店內主打芋頭米粉，台中市早點有賣芋頭米粉，除了珍品小吃，一家在北屯市場，另一家在向上市場內。珍品小吃的芋頭是原味，不炸，其它兩家芋頭都炸過。珍品小吃的芋頭，挑的很！根據季節，用大甲芋或甲仙芋，問老闆一天要賣多少斤？口風很緊！米粉是彰化芬園的細米粉（埔里米粉製作的大本營就在芬園），芋頭米粉就要有好高湯，高湯是黃老闆細心照顧出來的，老闆娘只負責賣，看老闆在煮芋

おいしい

頭，真有耐性，一盆一盆地煮，在意的就是品質。

除了芋頭米粉，還有大麵炒、大麵羹，芋頭米粉與大麵炒（數量驚人）都忙不過來，幹嘛還賣大麵羹？老闆說：不賣會被罵！只有一鍋，賣完了事！大麵羹是獨特台中風味，大麵炒吃的人最多，大麵炒不算真的炒麵，只是油麵拌炒一下，吃的是本味，重要的是加在上面的肉臊，這肉臊可好用，可以滷蛋、豆腐、丸子，豆腐最難入味，不能大火滷，只能長時間浸滷，否則外面上色，裡面無味。

大塊的芋頭，不炸，煮得剛剛好、粉粉糯糯，氣派地放在吸飽高湯的米粉上，不愛也難，配上一碟滷透的油豆腐，平價小吃的奢華，只要八十五元，不愛芋頭的人也安心啦！來碗小的大麵炒，粉腸湯、滷豆腐、丸子、蛋也是一百元有找，省著

點，炒麵配綜合湯也不錯。

傳統小吃能存活數十年，就是堅持，該燉多久，就燉多久；用什麼食材，不打折扣；多少份量，也絕不偷工減料，不貪心，也不開分店，就賣那幾樣。客人來了，就像回到自家廚房，有這樣的店，才是客人的福氣吧！

	03	01
05	04	02

01 淋上肉臊的大麵炒。
02 有了肉臊加持，滷蛋、豆腐、丸子更加入味好吃。
03 綜合湯料多、豐富。
04 粉腸湯清爽好喝。
05 就是這樣用心地伺候芋頭。

info

珍品小吃

- 地址：台中市西區模範街20-1號
- 電話：（04）2301-3482
- 營業時間：06:00～13:30（週日、一公休）

古早味（東興市場）

隱身六米街，尋覓最暖胃的早午餐

東興市場的地理位置佳，在台中除了建國市場，大概屬它是最大的，五權路與大雅路（現更名中清路）交會，有光大一、二、三村（眷村已改建），旁邊五權路裡有個小的空軍眷村，白嘉莉就在這個眷村長大的。打越戰時，一到晚上這裡都是清泉崗來的美國大兵，三步一間小酒吧，轉個彎就是舞廳，每到夜晚就不平靜。

東興市場最早是磚窯廠，拆後，先是在原址二樓，經營游泳池，後改為市場，那時東興市場尚無六米街，賣菜攤販也尚未拓展到文武街。

古早味麵攤，最早是在五權路眷村口，沒有店名，但左鄰右舍都知道這家麵攤，剛開始是張嘉珣的媽媽在做，一個人忙到五十五歲的時候，就中風了，才將店頂掉，過了些日子，嘉珣才在父親與先生的幫忙，搬到新開通的六米巷，六米巷是柳川大圳

炒麵和膠質滿滿的豬皮肉臊飯。

填平後才有的。

「古早味」現在是嘉珣與先生共同經營，假日女兒也會來幫忙，老媽雖然中風那麼久，一樣可以坐著電動車，到處蹓躂。做的是市場生意，早上四點就開始賣，一鍋湯，一鍋肉臊，一鍋炒麵，一鍋飯（後來才增加）。燉湯堅持用炭爐，肉臊也一樣，文火慢燉，這樣才好吃。肉臊飯送滷豬皮，剛開始叫肉臊飯，飯上面會帶些滷豬皮，配點自製酸菜，一大早吃了，元氣十足，配上豬腸、粉腸、小肚等做成的湯品，這不就是市場出力氣幹活，最速配的組合嗎？

一位老同學從紐約回來，前兩天在台北米其林的台菜餐廳吃到豬皮，我問好吃嗎？他說還可以，隔天早上我帶他到古早味，叫了一份豬皮，如何？他說比台北米其林的好吃！我問嘉珣，為何要賣豬皮肉臊

02 | 01

01 小肚湯也可蘸醬一起品嘗（小肚是豬的尿袋）。
02 綜合湯裡燉煮的全是豬內臟的精華。

飯？她說，之前東興市場，有家生意很好的「滷肉義滷肉飯」，為了不一樣，就做了豬皮肉臊飯。店裡的豬雜，都是台灣的，嘉珣認為進口的不乾淨，處理不好的內臟，腥臭，要有好吃的豬下水，就要花很大的功夫清理，湯是單純的本味，煮湯的料豐富就好喝。店裡的蘸料很多，自製的大辣（辣椒醬油）、甜辣醬、醬油膏、大越的五香醋、蒜泥、薑、蒜、芹菜末，有了這些佐料，無論是麵、飯、湯都好吃極了！

從嘉珣的媽媽在五權路開始，到現在的六米街，四十多年，第三代也在店裡幫忙，味道不變，一樣好吃，像這樣傳統台中吃法的店，非常多，但好吃的很少，「古早味」不但好吃，夫妻倆待客熱情，每天一大早笑臉迎人，難得是非常有傳統的教養，大哥阿伯的稱呼不絕於耳，雖然只是吃個銅板價的早午餐，不是也快樂一天嗎？

03 | 01
03 | 02

01 爽口好吃的粉腸，店內提供多種蘸料。
02 燉湯、滷肉臊皆用炭爐，文火慢燉更有滋味。
03 油豆腐加甜辣醬，台中吃法。

info

古早味（東興市場）

- 地址：台中市北區六米街27號
- 電話：0958-850-620
- 營業時間：04:00～12:00
  （不定時公休）

梁嫂炒麵

炒麵最夠味，一鍋湯熬出靈魂

老闆姓梁，所以就以妻為主取了個梁嫂炒麵，起先只是在水湳機場的前門轉角，擺個路邊攤。有一天客人吃得差不多了，碗堆積如山，老闆就蹲在路旁開始洗碗，正洗得頭昏腦漲，忽然聽到一旁說道：「如果你不好好讀書，以後就會像他一樣！」抬頭一看，只見一位婦女牽著小孩，指著他說；老闆心想，是否真的如此呢？待生意穩定才搬到現在的店面，如今開了第二家店，由兩個女兒來負責。

一般這種小吃店的炒麵，都是放些醬油入些味即成，自己再加調味料，但梁嫂的炒麵，好吃就在，本身已夠味，不需再加其他醬料。店內的東西很單純，炒麵、肉臊飯、湯，而那一鍋湯，就是店裡的靈魂，主要以骨仔肉、豬內臟及豬血、蘿蔔、酸菜葉熬煮而成，裡面有豬肚、豬腸、大腸、粉腸，因為生意不錯，內臟使用量很

梁嫂 炒麵・肉燥飯
炒麵
肉燥飯
粉腸湯
豬肚湯
綜合湯
早上6點至下午1點半營業
外帶區
液化石油氣

大，老闆為了穩定品質，降低成本，堅持自己清理，避免外面處理過程會添加藥水，產品變質的可能性高，而每一種肉品、腸子的熟成時間又不同，必須分開處理。好吃，也就在火候剛剛好，不能太爛，也不能咬不動。店內的骨仔肉與別處不同，一般只取大骨或一些雜骨，燉湯後取下的肉；梁嫂的骨仔肉，連眼球後的肉、豬臉肉都在裡面。店內的瘦肉湯，一般人以為是瘦肉而已，在中部這塊肉叫膈間肉，北部叫肝連，這塊肉很有風格，是由筋包住的純瘦肉，它的部位是界於上、下內臟的連接，與肝連在一起，所以叫肝連，一隻豬大約只有一斤上下，一般家庭很少食用，幾乎都是小吃攤買去，這部位最適合白切或煮湯，在北部的米粉湯或黑白切的店都會出現，也只有台灣的肉攤會取這塊肉，在大陸是沒見過這部位來食用的，因為是筋包

03 | 02 | 01

01 姊妹倆齊力經營。

02 鹹中帶著酸香的大鍋湯是店中靈魂，有豬臉肉、骨仔肉、大腸、豬肚與膈間肉。

03 肉臊飯鹹香好吃。

住肉，所以在煮的時候，就要特別注意火候，不小心就是筋咬得動時肉就太爛了。這些年下來，食材的飛漲，店內的價錢只是微調，好喝的湯底卻可無限添加。

老闆原來擺夜市賣成衣，後來這行生意不好做，才改行做小吃，跟住在豐原的表姊學手藝，加上不斷地改良，才做成現在的風味，開第一家店時小孩才十三、十四歲，如今開分店能獨當一面，而且更有企圖心，兩個女兒希望能將產品做到標準化，朝連鎖店的方式來經營，老爸卻說，太累，不願再開分店。現在爸媽都退休，姊妹倆更努力地經營，也許不久的將來，能圓了她們的夢，開出第三、四……更多的店。

info

梁嫂炒麵

- 負責人：梁世昌
- 地址：台中市西屯區中平路376號（總店）
  台中市北屯區太原路三段國校巷口（分店）
- 電話：0937-219-039、0912-336-098（總店）
  0912-026-019（分店）
- 營業時間：06:00～13:30（週日公休）
- 平均消費：50～80元

02 | 01

01 香味四溢的炒麵。
02 瘦肉取用的是膈間肉，也稱為肝連，配上自製的辣醬更對味。

阿珠麵店

大麵炒＋豬血湯，最道地的台式早午餐

台中在餐飲方面，是很特殊的城市，一些奇奇怪怪的東西，都會出現，有點像實驗室，當研發出新產品，再看市場的風向，可行性高的話就會燒到全台，甚至在國際上大展鴻圖，「王品」就是最好的例子。

在當地的小吃，尤其是早餐，有著獨特的搭配方式，一鍋炒麵或炒米粉，一鍋湯，湯裡有豬血、大腸、粉腸、貢丸、油豆腐或豆腐，主要的是那鍋肉臊，裡面有滷蛋、油豆腐、大腸等等，可做成小菜或湯，如此組合的早餐，別處少見，台中到處有，雖普遍，但做得好吃，卻沒幾家，阿珠麵店，就是其中一家好吃的小店。

阿珠的父親，陳火旺先生，帶著太太，育有三名子女，生活很艱苦。民國五十七年原先只是擺個小攤（在中華路太平市場旁邊巷子口），當時阿珠六歲，上學前會先到小攤上幫忙洗碗，這是台灣許許多多

做小生意的生活縮影，早期只賣台中特有產品——大麵羹（鹼味很重的粗麵條），無法維生，才逐漸加上炒麵、炒米粉及大腸豬血湯，當時大麵羹一碗五角，炒麵一碗一元五角，如今大麵羹二十五元，炒麵三十元，一個小麵攤，夫妻倆也把三個小孩帶大了，大哥自己開建築師事務所，店就由弟弟陳吉安及姊姊陳鳳珠接手，大概客人與姊姊阿珠互動比較多，於是就成了阿珠麵店。

阿珠麵店比較特別的是「滷大腸」，開店四十五年堅持不用買來已清洗好的大腸，一定自己翻洗大腸，清洗過程的乾淨與否，決定了大腸好不好吃，因為腸子的臊味很重，又有太多的油花，油花去的多或少都會影響滷大腸的口感。麵就是台灣最常用的黃麵，擔子麵、切仔麵、拉仔麵都是黃麵，含鹼所以色黃，易煮。早期黃

02 | 01

01 滷透的油豆腐，他們家最好吃。
02 大麵炒不同於炒麵，麵下方放的是大麵羹。

麵是由麵店送來，小吃攤拿到後，滾水撈出，瀝乾、拌油，成了油麵，如今都由製麵店拌好，送到店家，現因人手不足，阿珠麵店也是買做好的油麵。

店內最重要的那鍋肉臊，用的是四十五年來未曾改變的醬油品牌，鍋內除了滷大腸（若洗不乾淨，整鍋都臭了），最好吃的就是油豆腐，道理很簡單，就是滷得透，味道全吸進去，所以時間長、短是很重要的因素。大腸剪小塊，過一下肉臊，加上酸菜末、香菜，即是一道美味的小菜。

炒麵是大鍋先略炒，放入蒸籠，底墊一層紗布保溫，這樣麵在長時間保溫之下，才不會太爛，蒸籠下層的大鍋是大麵羹，以下層的熱氣保溫上層的炒麵，炒麵上夾些豆芽、韭菜，過一下熱的肉臊，就是一碗台中特有的「大麵炒」，一碗麵、一碟油豆腐加上一碗大腸豬血湯，好吃！

假日會出現水晶餃，純手工製作，晚去，就賣完了。

一般大麵羹寫成大麵「焿」，「焿」為錯字，而大麵羹之字，在台語音為「鹻做的麵」，不是只能做羹，也能炒來吃（東南亞福建麵的作法）。

別以為只有外國才有早午餐，像這樣的作法，不就是很有台味的早午餐嗎？

如今阿珠的兩個女兒都大了，也都有自己的工作，阿珠輕鬆地從麵店退休，由弟弟一家人接手，延續這間三代同堂的小吃店。

02 | 01

01 純手工自製水晶餃，去晚了……就沒了。
02 祖孫三代一起經營。

info

阿珠麵店

- 地址：台中市北區五常街49號
- 電話：（04）2201-2017
- 營業時間：07:00～14:00
- 平均消費：50～100元
- 小提醒：位於東興市場旁，無法停車，騎機車最佳

大德街一三三號

好朋友回家吃飯，不需要固定菜單

沒有招牌沒有店名，老闆娘也不願照相，更不想接受採訪，因為是老鄰居了，才勉強接受，並告訴我，過兩年要退休了。現在過了好幾年，老闆娘已經七十歲，有了六個外孫，好像愈做愈年輕。

第一波來吃的是早餐，接著早午餐的人出現了，到十一點菜一直出，來包便當與吃午餐，大概到十二點，不是菜沒了就是飯沒了，炒麵、炒冬粉都是一鍋鍋現炒的。湯是道地的台灣作法，以台灣酸菜為底熬大骨與豬下水，微酸清爽不混濁，骨頭肉也是自己買回來現拆，不小心會吃到碎骨，的確是骨頭上取下來的肉，好吃的肉就在骨頭邊，不是嗎？

炒麵真的是炒麵而不是拉仔麵，也不是大麵炒，有香菇、高麗菜、蔥段與開洋（蝦米），比餐廳炒得還好吃，炒冬粉比炒麵麻煩，賣的人很少，晚去就沒有了。

在這裡很少是路過停車來吃的，都是多年的好朋友回家吃飯的感覺，老闆除了週日公休，每天到菜市場挑菜，只要是當季的都可以，沒有固定的菜單，夏天會多了小魚乾苦瓜湯、筍湯，還有台中特有的蔴薏，接著冬天大頭菜排骨湯。去拍攝的那天，有彩椒炒鮮茄、燒旗魚肚、梅干菜燒肉、清炒絲瓜、炸小午仔魚、滷豆腐，這些菜都沒有任何花俏的修飾，就是依食材的特性而做，簡單有味。

老闆娘沒有跟誰學過手藝，最早在大德街只賣大麵羹（旁邊住的是盧秀燕市長、剛嫁到台中的廖家），搬到現在的地方也做了好幾年，前兩年又擴大隔壁的店面，每天認真本分地做菜，就像做給家人吃一樣，怎麼會不好吃呢？

info

大德街133號

- 地址：台中市北區大德街133號
- 電話：（04）2205-77473
- 營業時間：08:30～12:30（週日公休）
- 平均消費： 60～150元

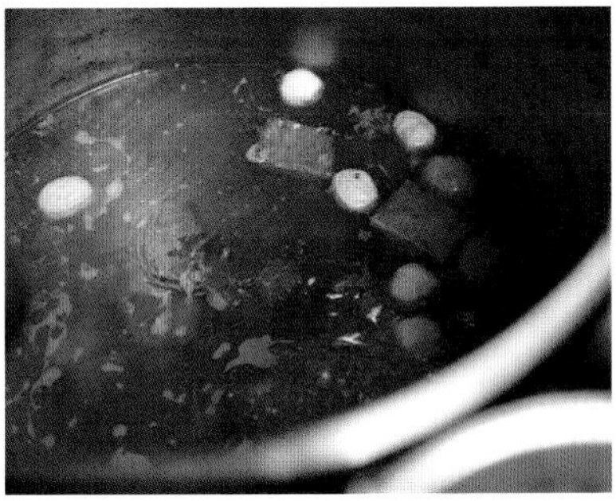

04 | 03 | 02 | 01

01 手工拆的骨仔肉湯。
02 梅干菜燒肉、新鮮桂竹筍配白飯，最佳。
03 彩椒炒鮮茄、燒旗魚肚配白飯，別有滋味。
04 以酸菜、大骨為底的綜合湯。

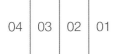

元保宮肉粥

清鮮有味，一碗不夠再來一碗

在上海到蘇州這一帶，一般老百姓，會在早上用開水沖一下剩飯，不煮，加些剩菜，再配一點鹹菜，就是一頓早餐，蘇州人叫湯飯，台灣也有這樣的作法，叫肉粥，內容物就豐富多了，湯底會用豬大骨熬上幾個小時，加入米飯泡開，放入芹菜末或蔥花，再灑點白胡椒，即可上桌。現在介紹的這家店，開在元保宮對面，沒有店名，只以「肉粥」兩個大字為招牌，大約在十年前，經過這家小店，那時還只是路邊攤，肉粥一碗五元，外帶十元，因為好奇，在台中市一碗五元的肉粥能吃嗎？試一下，發現這碗粥裡不但有肉絲還有鮮蚵，蚵雖不大，但新鮮好吃，米飯只是打散加入高湯、配料，湯底清澈鮮美，清爽。台南一樣的作法叫「飯湯」。

一般賣肉粥的配菜多為黑白切，有白煮和油炸兩種，而蘸醬最常用的不外甜辣

醬與醬油膏，但他們卻以做肉圓的辣椒醬為主要醬汁，非常特別，店內產品單純，炸豆腐、燒肉、鹹豬肉、雞捲、花枝、魚排，老闆的父親是總舖師，把當年辦桌的好料理端上桌，雞捲除了內餡為獨門配方之外，外層還是以傳統的豬網油來包的，炸物幾乎現點現做，裹的粉漿也調得剛好，炸豆腐外酥內軟，豆腐本身無味，可與百味搭，好吃也就在於沾上獨門的辣醬。

每次來店裡吃早餐，習慣性地觀察客人，很少只吃一碗，都會再加一碗或兩碗，雖然現在一碗漲到十五元，還是如此，搭個燒肉、花枝、豆腐很豐富，也吃飽了，尤其在寒冷的冬天，一早就暖呼呼的開始，帶點台味，不是比西式的早餐更有Feel？

十多年了，一家人圍繞著小吃攤，本本分分專注地做到最好，如此單純的品項，只賺些微薄的利潤，卻提供了這麼好吃的

01 現點現炸現切，最新鮮。
02 不裹粉的豆腐直接炸，外酥內嫩。
03 老闆娘親自操刀。

東西，雖然第二代已經接手了，但媽媽還是主角，也許再過個三、五年，爸、媽就可以享清福了，但味道還是不會改變的。

info

肉粥

- 負責人：賴麗雲（老闆娘）
- 地址：台中市北區梅川東路三段101號（元保宮對面）
- 電話：0937-206-084
- 營業時間：05:30～11:30（週三公休）
- 平均消費：50～100元

饗厝味

烏醋、豬油入味，最特別的乾麵風味

夫妻倆從台北搬到台中，落腳在中清路，偏離市區，做的麵不同於台中，主要以烏醋、豬油調味，店裡的東西都與醋、豬有關，幾年後搬到漢口路。

在台中找了很多麵都不適用，所以延用台北的麵至今，主打烏醋乾麵，一點豆芽菜、烏醋、豬油，沒有肉臊，一樣好吃，多加些烏醋，風味更佳。烏醋較香（水果蔬菜風味），白醋較酸（糯米為主），大陸的鎮江醋也是以糯米為主，但風味完全不同。到了江浙一帶的包子店、麵館，桌上只有醋，包子蘸醋，最後連醋一起喝下肚，醋解膩，而烏醋麵是醋與豬油之調和，成了一碗有風味好吃的麵。

嘴邊肉、骨仔麵、豬眼、豬心、豬肝、豬舌，這些都是店裡有的。可乾、可湯，亦可加在麵裡，嘴邊肉，無筋較瘦，去晚了就沒有。好肉就在骨頭邊的骨仔肉，

自己買回來拆，帶點筋的瘦肉和嘴邊肉不同，有趣的是豬眼睛，這些都是燙熟而吃，最主要是店裡自調的醬料，蔥花與新鮮辣椒，其他的調味老闆就不多說。切一盤眼睛，吃的時候相互瞪眼，膽小之人是吃不下去的。

一般小店都賣燙青菜，而這裡賣的是韭菜頭，沒有葉子，只有白色的韭菜頭，汆燙後拌醬油、豬油、油蔥，喜歡的人愛死，不吃韭菜的人……貨不多常常吃不到，本來是麵的專賣店，這幾年下來，為了迎合在地需求，多了新產品「豬筋飯」，一樣好吃，多了選擇，客人更喜歡。

info

饗厝味

- 地址：台中市北區漢口路四段81-83號
- 電話：（04）2298-5941
- 營業時間：11:00～21:00（週六公休）
- 平均消費：50～120元

05	03	01
	04	02

01 新產品豬筋飯，美味又多了一種選擇。
02 蔥花辣椒醬，是店裡自調的搶手醬料。
03 燙韭菜頭，燙青菜的新選擇。
04 烏醋乾麵，醋和豬油的完美搭配。
05 嘴邊肉、骨仔肉配辣醬，絕配！

璞石閣玉里麵

來自台東，在地料理的好滋味

台東玉里到台中的阿美族原住民，玉里麵是媽媽在忠明南路打出的招牌，玉里麵是說：麵條是來自於玉里，作法是日本人留下來的，在台中沒找到合適可用的麵條，所以延用至今，如今姊妹倆到昌平路來創業，除了玉里麵，早期主打的是豬腳飯與腳庫飯，豬腳飯已經不賣，但腳庫飯是什麼？

這是近二十年才出現的字，「腳庫」其實就是蹄膀肉，全豬腳上節的肉，是成圓圈狀，早期閩南音「腳ㄎˋㄨ飯」，是爌肉的一種，只是部位不同而已，國語沒有這個字，也不知哪個天才，就變成「腳庫」，外來人與大陸同胞一定是看不懂的。一般腳庫飯都會用牙籤固定，因為燒透了，會肥瘦分離，這塊肉好吃是皮有筋性，瘦肉不柴，店裡腳庫的確燒得好，油亮軟爛適中，與白飯搭配是極品，更是台灣獨特的

吃法。店名叫「璞石閣」就是玉里之意，而玉里麵是新鮮的濕麵條不好冰，在室溫下易變質，每兩天就要叫貨，從玉里快遞到台中，以保持麵的鮮度。

滷肉也滷得很入味，玉里麵只是搭些韭菜、豆芽、肉片，再來碗清湯豬雜，很速配。店裡的果醋、辣醬都是自製，尤其是辣醬，朝天椒做的很辣（有馬告）、很有外省人的味道。兩姊妹很勤快熱忱，品質維持得很好，價格更是親民，有時間來店裡嘗嘗，別忘了點個黑白木耳的涼拌菜，也是獨門自創。

前兩年去台東看金針花，餓了，下山在玉里覓食，只見到處都是賣玉里麵，有一家也叫璞石閣的麵館，生意很好，賣的品項很多，想當然耳地叫了玉里麵，吃完，和老婆同聲說：「沒台中的好吃！」

info

璞石閣玉里麵

- 地址：台中市北屯區昌平路二段31-38號
- 電話：0938-868-008
- 營業時間：11:00～14:00、
  17:00～20:00（週六、日公休）
- 平均消費：50～100元

02
04 01
03

01 腳庫飯，蹄膀滷得香嫩美味。
02 自製辣醬添加馬告，香味獨特。
03 姊妹合力復刻來自台東的美味。
04 一碗豬雜湯，配上自製辣醬最對味。

備註

ㄎㄨㄥˋ為閩南音，小火紅燒慢燉之意，「焢」是創新字；爌，音ㄏㄨㄤˇ，是光明的意思，這兩個字最常用在台灣小吃的滷肉飯上。

阿有麵店

簡單陽春麵，一鍋肉臊養活一家人

阿有麵店的招牌快看不見了，見到的是「陽春麵」三個大字，陽春麵一九四九年之後才來台灣，又叫「外省仔麵」，寧波的陽春麵，只有醬油色，沒有肉臊也沒有小白菜。

創店的老奶奶阿有，今年九十多歲，五十多年前開店，開始賣菜頭粿，鹹圓仔（元宵）湯，所以有一鍋自製的肉臊，鹹圓仔湯是糯米做的，煮的時間較長，有的客人等得不耐煩，會罵人，剛好鄰居賣麵，剩了幾斤，給阿有「加減賣」，漸漸地就不賣菜頭粿與圓仔湯，只賣麵，再多個餛飩湯。

臊子用的是五花肉去皮，至今五十多年，還是同一家供肉商已是四代人了。麵條從開始到現在五十多年沒換過，製麵店在南台中的後火車站，很遠，老闆騎腳車送麵，送了很多年。傳統的小吃店，習慣

辣椒醬
五香醋

Champion

用味精，阿有麵店也一樣。到了近幾年，許多人反應味精太多，阿有奶奶與時俱進，從善如流，也不用了，自己嘗嘗，沒了味精的大骨湯更清甜。

阿有奶奶年紀大，已交棒給媳婦與孫子，但閒不住，每天還是幫忙包餛飩，阿有奶奶受傳統習俗之影響，雖然在店內包餛飩，頭髮還是梳得一絲不苟，穿戴整齊。餛飩的餡很簡單，蛋、夾心肉、油蔥、胡椒、鹽，現在連味精都不放，比例對就好吃。最早時一碗陽春麵賣一．五元，兩塊油豆腐〇．五元；現在一碗陽春麵三十五元，一塊油豆腐五元，而這兩年食材的飛漲，阿有麵店卻凍漲。

許多報導稱「阿有」為台中三大傳統麵店，阿有與媳婦反以平常心看待，小吃能比餐廳持久，就在於品項單純專注，不容易被時間淘汰，這也是「一鍋肉臊養活

02 01

01 第三代的孫子已經接手傳承美味。
02 五十年來不變的肉臊好滋味。

一家人」最好的例子。

這次去補拍，過了下午兩點，店內還是客滿，阿有的孫子也接上手，麵還是一樣簡單好吃，唯一的改變，包餛飩的工作，已是第三代在做了。

02 | 01

01 層層疊疊，渾圓飽滿的餛飩。
02 丸子、油豆腐、滷蛋、陽春麵，搭配豐富百元有找。

info

阿有麵店

- 地址：台中市南屯區南屯里萬和路一段70號
- 電話：（04）2386-9555
- 營業時間：07:00～19:00（週一公休）
- 平均消費：35～80元

牛布耕

獨具特色的牛羊料理，讓你唇齒留香

這家店，這位老闆，「牛頭」（外號）故事太多了，父親與叔叔在台中屠宰牛、賣台灣牛肉，「無人不知，無人不曉」（布袋戲的話）。他本人從小殺牛、豬、羊、雞，不殺狗，當然也不殺人，「閻王的面孔、菩薩的心腸」。一九九一去大陸南京，冬天到公共早堂去洗澡，當上衣一脫掉，旁邊的人全讓開了，直瞅著看他，當然不是因為身材好，而是一身的龍鳳刺青，在那個年代的中國大陸，只有被下放勞改的犯人才有刺青，閒話不說，言歸正傳，為什麼說「菩薩心」？因為在他身邊的兄弟姊妹、親朋好友，都受過他的幫助。

為什麼取名牛布耕？「牛頭」說牛不耕田，只好殺來吃，不知是真話還是瞎扯，店內的菜色主要以牛、羊為主，價錢公道又好吃。清燉牛雜湯，以牛大骨熬煮，原味，牛雜清洗得非常乾淨，一點臊味都沒

有（騷是錯字），軟硬適中，湯中加一點白蘿蔔、九層塔、嫩薑絲，滴少許的米酒，就可上桌，店內蘸醬，以豆腐乳調配而成，微辣合味，因為對牛的了解，別人不懂得用的部位，他都會取來用，蒜香白肉，不知情的人以為吃的是豬的三層肉，在台灣可能只有這有賣，牠是牛的頭與胸之間垂下來的那片皮，裡面的肉一點點而已，白色脆脆的，以蒜片來炒，就成了蒜香白肉，口感不錯。酸白菜炒羊肉，酸白菜是老師傅傳授自漬，酸得自然開胃。香酥羊排，帶著蒜苗香氣的椒鹽作法，下酒極品。

店裡另一道明星產品，御膳羊肉爐，帶皮的羊肉，湯頭是獨門的配方，雖放入中藥材，但又不會太濃而搶去了羊肉的味道，冬令進補，來一鍋藥膳羊肉爐，加一份牛雜，拌個麵線，炒個青菜牛肉，再來個宮保羊肉、酸味十足的炒毛肚，配碗白

03 | 02 | 01

01 酸白菜羊肉，自漬酸白菜。
02 香酥羊排，添加蒜苗和椒鹽更入味。
03 每道菜都很下飯，配上一碗湯，正好！

飯，一家四口，一千元有找。羊眼、羊頭皮肉都可加在火鍋裡，羊內臟也是現點現切的，就因為對牛、羊的了解，從殺牛，賣牛肉到投資餐廳，經歷了無數的波折，慢慢的才做出了自己店的風格。

背後推手（賢內助），一手把店內大大小小的事給「撐」起來，任勞任怨，前幾年累得生病住院，尚未完全康復又回到店裡幫忙，堅韌的個性，令人佩服，開店時小女兒尚未出生，如今亭亭玉立，比媽媽還高了。

店內的品項很多，物美價廉，有空來嘗嘗，就知所言不虛。殺雞焉用牛刀？錯了，殺牛的刀比殺雞的刀小多了，如何挑粉腸？生腸又是什麼？豬有幾根腸子？這些都是「牛頭」教的，很多廚師是搞不清楚的。

info

牛布耕

- 負責人：巫正雄、洪小鈞
- 地址：台中市東區精武東路146號
- 電話：（04）22151838
- 營業時間：17:00～00:30
  （週日17:00～00:00）
- 平均消費：100～300元
- 小提醒：算是好停車

05 | 04 | 03 | 01 / 02

01 老闆娘和亭亭玉立的女兒。
02 冬冷夏熱的大廳，可容納許多客人。
03 店裡的明星商品，御膳羊肉爐。
04 香味四溢的宮保羊肉。
05 羊肉清湯配麵線，正台味。

牛哥哥水里古早麵

南投水里的阿婆麵，吃出家的溫暖

健行路，介於中清路到永興街這段，要吃有吃，要喝有喝，是台灣飲料的戰場，每每有新飲料店開幕，沒多久，就會出現在這裡，來得快，去得也快，有的來不及去嘗嘗，就下課了！

前幾年出差台北，回來晚了，在一家漫畫出租店的騎樓下，推出了一個新的麵攤，老遠望去，寫著「水里，牛哥哥古早麵」，兩三位年輕人在攤位前忙著，近看，小年輕忙得熱火，身上還有著刺青，心想：嘗嘗看，什麼是古早麵？

叫了碗乾意麵，份量剛好，一些豆芽菜與韭菜，沒有肉臊，還放了一些香味撲鼻的油蔥，一碗餛飩湯，湯清，餛飩是最單純的豬肉餡，一些韭菜與豆芽，加上自製的油蔥，沒有肉臊一樣好喝，再搭上一盤軟硬適中的拌花生，好一頓古早味宵夜。小攤，卻做得乾淨又好吃，此後，成了常

客，過不久，搬家了，有了店面、冷氣，價錢卻沒改變。

何謂古早麵？老闆是第一次創業，表示店裡的靈魂是油蔥，是水里外婆教的，外婆是在水里的外燴做「水腳」。台灣的辦桌文化很有意思，除了總舖師之外，最重要的就是「水腳」，水腳是執行的廚師，好的水腳，是總舖師的左右手，少了他們，桌是辦不成的。

外婆除了油蔥做得好，另一項拿手的就是醬筍，醃漬的筍來做肉臊飯，好像只此一家，別無分號，家傳手藝的古早味。小菜固定有燻豆皮、豬頭皮，不比大餐廳的味道差，蒜泥白肉是五花肉，腱子肉純瘦，膈間肉，筋包著瘦肉，豬的三種不同部位，各有喜好的人，粉腸不好挑，一不小心就會苦，太爛太硬都不對，難伺候的內臟。

info

牛哥哥水里古早麵

- 地址：台中市北區健行路420號
- 電話：0932-225-760
- 營業時間：11:30～20:30（週日公休）

店內的醬筍肉臊飯、豬油拌飯，很有誠意，呈現的都是古早味，好大一碗啊！有的時候不想吃飯，來碗米粉湯或餛飩麵，燙個青菜，一份燻豬頭皮，也很滿足。

媽媽帶著兄弟兩人，一家人創業，從晚餐賣到宵夜，如今改為午餐與晚餐。台灣俗話說：「做久就是你的。」做真食物，肯用心，規規矩矩，期許三十年後，真的是名副其實古早味了。

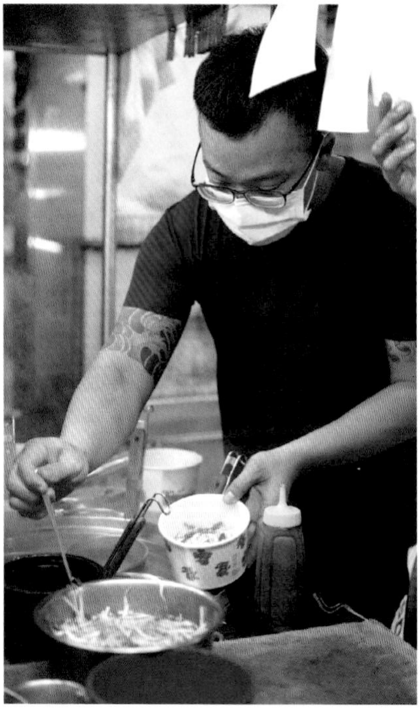

05	03	01
	04	02

01 乾意麵，加上油蔥提味。
02 餛飩麵，餛飩內餡是豬肉。
03 豬頭皮、燻豆皮、蒜泥白肉、豬油拌飯，滋味絕配！
04 醬筍肉臊飯是招牌，配上拌花生、粉腸湯，豐富的一餐。
05 認真的小伙子，傳承家的美味。

盈成當歸鴨

堅持鴨肉料理，數十年的好美味

每週三到中興大學教課，大概在晚上七點～七點半，會經過國光路九〇號，招牌上寫著「當歸鴨麵線」，沒有店名，但名車停在門口，人進人出，熱鬧得很，只見戴著眼鏡的老闆，動作迅速俐落，前後不停地取物，切料、添湯，一碗熱騰騰的當歸鴨麵線，就放在眼前，附著蘸醬，但是不用東泉甜辣醬，用的是台中另一家老品牌，高慶泉油膏、甜辣醬，更上檔次了。

經過那麼多次，實在好奇，忍不住去喝了碗鴨肉湯，配上一碗乾鴨腸，台中很多當歸鴨麵線，不是中藥味太濃，就是湯味淡薄，鴨肉過老（鴨肉火候很難拿捏），抱著姑且一試的心理，孰料，湯清爽，濃淡適宜，鴨肉剛好，鴨腸沒有一點臊味，脆得可以咬斷，不會韌得如橡皮糖。

說賣鴨，就只賣鴨，其它都不賣，很堅持，更少見，主食只有麵線，沒有飯，

也不賣麵。就這樣，從老爸開始，到現在兄弟倆，哥哥六十歲，弟弟五十八歲，五十多年來未曾改變。

店內有個水血湯（鴨血），做成乾的，比豆腐還嫩，米血，軟糯適口，下水湯裡的心、胗、肝，新鮮（看得到），一碗才四十元，鎮店的鴨肉，切得是方形，而非一般店的長型，一樣好吃。

老闆說，幾十年來，不敢新增品項，是因為人力難求，如果新增產品，一定會多出人力，作業的流程也會增加。兄弟倆為了食物的品質控管，想辦法研發，自動、定時、定溫的方式，店雖小，連器皿都講究，所用的瓷器，有的用了三十多年，已不生產，只好找替代品。

老爸李土旺，最早在台中市中心的市府路一〇一號，後引 ADOBIKI 大飯店旁邊學的手藝，民國五十四年搬到愛國街做了

02 | 01

01 乾鴨血，既滑又嫩。。
02 下水湯和乾鴨腸，鴨腸口感脆而不臊。

幾年，最後才搬到現址。拍攝當天（一月八日），是寒流最強的一天，生意特別好，哥哥忙著招呼客人，弟弟有條不紊地備料，兄弟倆分工合作了數十年，至今依舊合作無間，真是難得。

01 老闆兄弟倆分工合作數十年。
02 冰鎮食材，新鮮讓你看得到。

info

盈成當歸鴨

- 地址：台中市南區國光路90號
- 電話：（04）2226-0848
- 營業時間：17:00～23:00（週一公休）

新營阿添鵝肉

肉質鮮甜，價格樸實的鵝肉料理

西班牙 Dehesa 地區是正宗伊比利豬的產區，也是伊比利火腿 Jamón ibérico 的生產基地，這是全世界最搶手的美食之一，在這個地區有位叫艾杜瓦多的農夫，有一年他到法國參加鵝肝品質的比賽，他打敗所有法國鵝，拿到最好吃鵝肝的美譽，法國常用的穆勤德鴨肝，一副要價八十美金，西班牙艾杜瓦多的鵝肝一副要價七百美金，肝醬（Pâté de foie），常是混用鵝肝或鴨肝做成的。

在台灣一副新鮮的鹽水鵝肝，做好送到你面前，只要一百五十～兩百元台幣，大概十年前，邀約世界廚師協會A級評審來台灣參加活動，帶他們（都是歐美人）去吃鵝肉攤，鵝肝就這樣一大盤的切出來，附著台灣獨一無二的蒜茸醬油膏，當時驚呼連連，真氣派啊！

新營鵝肉，老闆夫妻倆是古坑人，學

03 | 01 / 02

01 燙鵝腸與胗，墊底的是豆芽菜。
02 鵝肝真氣派。
03 鵝油飯、燙青菜與鵝肉丸子湯，一餐已是飽足。

的是正宗新營鵝肉作法，新營鵝肉沒有蘸醬，只有蘸水，以鵝油、汁調製的鹹水，這樣的蘸料，台中人不喜歡，另外調了豆瓣醬、豆腐乳、醬油膏濃稠的組合。在新營老店，點鵝肉，送豆芽菜與筍湯，南部人大方的作風，米血，每家店都有，他們與新營老店一樣好吃，不夾生不過爛，口感好，保證是真的血與糯米做的。老闆提醒，有些地方賣的是染色假米血。鵝肉好吃不在話下，下麵的湯，鵝肉丸子湯，都是鵝高湯，燙青菜也是鵝高湯拌鵝油，鵝油飯淡淡的鹹香，鵝油香醇又健康。

老闆原是黑手，轉行與新營阿添的妹夫學手藝，十幾年前剛到台中，在篤行路、英才路口開店，賣晚餐到宵夜，沒幾年，房東漲房租，算了算，不如拿房租來還貸款，運氣不錯找到了現址，大小、價位、地點都還可以，慢慢地做，生意穩定，貸

款也還了一大半，三個兒子也拉拔長大，一位是消防員，一位是中華民國軍官，最小的老三學廚藝，如今在外面的餐廳多磨練一下功夫，時候到了，也許就會回家接手了！

在台中，吃是一件幸福的事，台中喜歡接受新的挑戰，更喜歡創新，交通便利，消費低，多元的選擇，有老店，也有新意，寫到此，肚子餓了，去吃碗鵝肉冬粉配米血，再切份下水（肝、胗、心），就像蔣勳談美是情境，不只是美，而是美極了！

02 | 01

01 鵝米血用料實在，口感軟糯。
02 老闆夫妻倆堅持給客人最好的鵝肉料理。

info

新營阿添鵝肉

- 地址：台中市北區篤行路426號
- 電話：（04）2207-7490
- 營業時間：11:30～20:00（週一公休）

康家小吃（堂肉圓）

一碗肉圓配上豬血大腸湯，就是美味

店名叫「康家小吃」，卻有個「堂」字Logo，老闆姓賴有個堂字，老闆娘姓康，上本書《尋味台中》介紹了一家四代的肉圓店，叫「阿旺爺爺」的肉圓，這就是康家小吃的原始由來，第一代是阿旺爺爺，第二代是賴德發，第三代兄弟兩人分家，弟弟夫妻倆民國七十四年就接手阿旺爺爺的店，直到民國九十六年，才再搬到現址另起爐灶，開了康家小吃。

康家小吃有著德發原有的品項，但老闆娘打從一開始，就有自己的想法，增加了排骨飯、爌肉便當、白切肉便當組合餐，有多的選擇，給客人方便，不變的是肉圓，四代以來，品質不變，可以排得上台中數一數二的肉圓。淋在肉圓上的紅、白醬（有紅麴味噌與辣椒粉）是靈魂，每天手工現做，也可用在店內的滷油豆腐、白切肉上，合味。老闆娘說店內的主角是那鍋肉臊，

肉臊飯、豆芽菜、豬血湯，飽足一餐卻價格平實。

主宰著飯、麵的味道，一碗湯麵，少不了肉臊，一碗肉臊飯，配點酸菜，燙個豆芽菜，再來碗豬血湯，共八十五元，那是我去店裡吃的標配。豆芽菜，實在有太多小吃店會做，他家的有點肉臊，灑些黑胡椒，斷生又不爛，剛剛好。至於豬血湯，豬血滑嫩，也只有他們是點豬血湯（裡面還有大腸），二十五元，去哪找？

瘦肉湯用的腱子肉，純瘦卻不柴，白切肉，肥瘦相間，現燙現吃，到了冬天還有蘿蔔，可乾可湯，綜合湯有瘦肉、大腸、豬小腸、豬血，湯清味濃，還可續湯。油豆腐、蛋滷得入味，雖是銅板價的食物，卻都做得乾乾淨淨，清爽好吃，一點都不馬虎。

拍攝當天，抬頭一看，斗大的紅布條：「本店使用台灣豬」，連招牌都遮了一半。康家小吃的位置並不好，剛創業生意不好，

03 | 01 / 02

01 乾麵與油豆腐，肉臊是美味的靈魂。
02 綜合湯，料多實在。
03 排骨飯是新菜色，組合餐有多種變化。

新客人不認識他們，老客人找不到他們，辛苦了幾年，舊雨新知都接受，生意也穩定，第四代的兒女也接上手，過幾年應該可以享清福、逗孫子了。

好的傳統小吃店，並不容易經營，單價低、利潤薄、時間長、又忙碌，常常是東西好吃，卻有張撲克臉；康家小吃，待客熱誠，笑臉迎人，結帳時還以雙手捧著，吃飯是一種感受，去康家小吃，就像是高高興興回到家吃飯一樣。

info

康家小吃（堂肉圓）

- 地址：台中市北區進化路673號
- 電話：（04）2237-3789
- 營業時間：05:00～14:30
  （不定時公休）

02 | 01

01 季節乾蘿蔔、白切肉，滷油豆腐幾樣小菜清爽好吃。
02 第四代接手家業。

◇◇ 輯二 ◇◇

外省味・最道地

飄洋過海的外省滋味，

在台中這座城市生根發芽，

既保留了原來眷村的懷舊情懷、道地美食，

也開創了屬於台中在地人喜歡的新口味。

外省麵

傳承老兵手藝，不添加最安心

店名就叫「外省麵」，所以沒有黃麵，麵條只有一種，白麵條，比陽春麵粗一些，濕的，因為每天現做，除了加一點鹽和麵，不放任何添加物，一把把麵條，是扯出來的，現在市面上出現了那麼多的添加劑，吃他們家的麵最安心，如果時間抓得準，碰巧可以看見老闆現場製麵（店內後方有一片透明玻璃），製麵室是老闆的地盤，沒有冷氣，因為溫度低，麵會乾硬，老闆娘煮麵的地方也沒有冷氣，所以製麵、煮麵都是大汗淋漓、非常辛苦。

一碗好吃的麵，麵條占了一半，另一半應該是湯與調味，湯麵，底湯以豬肉骨熬煮出來的，不放味精，一樣自然好喝，牛肉麵也有自己的獨特味道。乾麵類，有豬肉乾麵、榨菜肉絲乾麵。我最喜歡榨菜肉絲乾麵，因為一般店家的榨菜肉絲乾麵和麻醬麵是分開來賣的，他們是以麻醬麵

為底，加上榨菜肉絲拌在一起，麻醬的香配上好吃的榨菜肉絲，非常對味，至於價錢呢？更是窩心，老闆在算成本時，只算麵粉錢，卻忘了把工錢也加進去！

老闆娘下麵條，到現在還是使用傳統的竹筷、笊籬撈麵，因自製手工麵較粗，怕煮不開，不用煮麵機，而用大鍋煮。老闆娘有天分，記性好，點餐不用菜單，只要告訴她就可以，不一會兒，麵就送到眼前。當初在高雄學的手藝，源自於江西來的老兵，堅持到現在，十幾年來默默耕耘，至今也小有名氣。

店內有滷味、涼拌小菜，自製辣油，都有一定的水準，與麵條搭配，這是典型的外省小麵館，有這麼好吃的麵條，為什麼不做生麵條外賣？因為實在做不出來，光店內的用量都快供不上，客人想吃就得到店裡來，老闆說的。

03	01
04	02

01 先和麵。
02 將麵團壓成扁平狀。
03 一層一層壓平、疊好。
04 再以手扯成長形麵條。

店裡使用傳統的竹筷、笊籬煮麵。

「台灣麵」通常指的是黃麵，就是做擔仔麵、切仔麵或台式炒麵用的，因為含鹼，略黃，易熟快爛。一九四九年剛來台灣的外省人，吃不慣沒有筋道的麵條，所以老兵們自製了麵條，自己吃也做點小生意，這樣才有了陽春麵。寧波、上海人帶來的，通稱外省麵，外省麵也不是只有陽春麵，手切麵、拉麵、刀削麵、綠豆麵等等，都是外省麵。前兩年到寧波玩了一趟，當地學校的校長請客，一頓飯下來，最後的主食就是一碗陽春麵，很簡單，醬油色的湯不多，麵裡只有醬油、豬油、味精（真的很陽春），蔥花、小白菜、肉臊都沒有，與台灣的陽春麵相比是完全不一樣。

上次拍攝時，外省麵的招牌已

陳舊得看不到字，這次終於換上新招牌，
老遠就能看到，不會走過頭了。

02		01
04	03	

01 榨菜肉絲麻醬乾麵。
02 外省滷味一大盤，蘸上自製辣醬更對味。
03 小魚豆干，十分開胃。
04 小黃瓜拌花生，爽口好吃。

info

外省麵

- 負責人：劉恭城（老闆）
- 地址：台中市北屯區興安路一段108號
- 電話：（04）2231-1616
- 營業時間：11:30～14:45、
  18:00～20:15
- 平均消費：50～100元

邱陳記酥皮蛋餅

現做的手工蛋餅，迷人的傳統滋味

01 用心製作，堅守品質。
02 九層塔蛋餅香味濃郁。

永興街，一條街有兩個名字，因為開發的時間不一樣，另一段叫「河北路」，永興街在中國醫藥大學附近，緊鄰中正公園、北區運動中心，有住家、學生、醫護人員，是北區餐飲的一級戰區，二十四小時都可以覓食，大多數都是平價美食，「俗夠大碗」，在這競爭激烈的地方，偶爾可以找到好吃的東西。

「邱陳記」只賣蛋餅，附簡單的紅茶與奶茶，早上開賣，因為在騎樓下，午後又是別人要做生意。顧名思義，店名是邱與陳合作的，兩位姑娘原本是西式咖啡與烘焙店的同事，志同道合，就一起創業，學西式的烘焙，怎會賣起蛋餅呢？

「我吃不到好吃的蛋餅，吃不到以前的滋味。」瓊慧是這樣說的。「那妳跟誰學的？」沒有師父，不停試吃，不斷試做，然後找出自己要的味道。現代人因為吳寶春帶起的風氣，大家都去學西式烘焙，而中式白案的包子、饅頭、蔥油餅……都快失傳了，難道你天天吃麭[註1]嗎？

一張簡單的蛋餅有何難呢？一心市場有個蛋餅攤，是麵糊做的，天天排隊，有的店家，蛋餅皮薄得跟紙一樣，不然就是機器生產，壓出來的，填飽肚子很容易，要吃好東西，就得費工夫。

邱陳記的脆皮蛋餅，溫水和麵（燙麵較軟），只有水與鹽，自然餳[註2]，這才是真食物，不同於一般蔥油餅，油過多，她家的餅，少油，文火煎後，皮酥脆，所以叫酥皮蛋餅。餅是本味，起鍋時，加些椒鹽或油膏就可以，要辣就加些自製辣油（很辣），內餡可加玉米、鮪魚、培根、起司，有西式的融合，九層塔就是濃濃的台味，還有那韓式泡菜的重口味，新添的產品是洋蔥炒肉絲，別有風味，頗受好評。

備註

1. 麭，這是吳寶春自創的字，指麵包。
2. 餳，音ㄒㄧㄥˊ，產生黏著與筋道。

　　簡易的招牌，克難的設備，卻能做出好吃的蛋餅，吃苦、肯學、用心，這是她們的特質。純手工的作法，忙不過來時，邱媽媽趁著上班前來幫忙，三個人同心協力，雖然是小事業，在冷冽的早晨，暖了多少人的胃！

　　PS租約到期，搬家了，小生意的苦處，由不得自己。「中美街」，更是一級戰區，但「好酒不怕巷子深」，新的地方新的挑戰，祝福她們。

05	03	01
	04	02

01 現點現擀麵皮，餅皮吃起來更有勁道。
02 鏟出花紋，酥脆入味，口感更有層次。
03 韓式泡菜蛋餅風味獨特。
04 分工合作，一起努力復刻傳統美味。
05 玉米鮪魚蛋餅。

info

邱陳記酥皮蛋餅

- 地址：台中市中美街298號
- 電話：0983-687-183
- 營業時間：07:00～10:30（週二公休）

董媽涼麵

四川家鄉作法，紅油畫龍點睛

鬧中取靜的環境，走個五分鐘就可以到植物園、科博館。董媽涼麵，原本是在大雅路上，邱厝里的空軍眷村董媽媽開的。董媽媽住的房子，走小路可直通到賣涼麵的小菜市場，董媽是一人麵攤，女兒還小，幫不上忙，兩、三條長板凳，很細的板凳，屁股只能坐一半的那種，賣的東西簡單，有些滷味、兩三種湯，主要的是涼麵、餛飩、黃乾麵、白乾麵、麻醬麵、陽春麵。董媽是四川人，所以帶來的都是些家鄉的作法，紅油調得很好，醋再加工過，芝麻醬用油化開，濃稠度剛好，有的人芝麻醬用原醬，太稠了，多了反苦，也拌不開麵，有的用水化開，又太稀了，芝麻的香氣就不見了。四川人擅長做紅油，董媽的紅油，就是畫龍點睛，無論是涼麵、乾餛飩或乾麵、滷菜，淋一點紅油，取其香而非辣。

一般小吃店，餛飩做湯，有的酥炸也

02 | 01

01 滷味天天現滷，美味飄香。
02 紅油抄手，川鄉原味。

不錯，乾拌不多，董媽的乾拌餛飩，是我吃過最好吃的，成都小吃紅油抄手，名滿天下，而董媽的乾拌餛飩，加上紅油，就是美味的紅油抄手，當然調醬料的比例是店家的祕密，這也是每家店味道不同的原因，基本的調味也就是醬油、糖、蔥花等等，而董媽比較明顯的是自製的醋，甘鹹適中、微酸帶辣，成就了這一碗紅油抄手。等吃完，剩的湯汁再請老闆娘沖些高湯，原湯化原食。

涼麵各家都有自己的風味，不可少的是醬油、醋、糖、麻醬、蒜末、蔥花，有的加些辣油、花椒油等，董媽多的是芥末，在台灣大多數的客人都能接受，台灣的涼麵，大概都少不了芝麻醬，幾乎可說涼麵與芝麻醬劃上等號，但到了成都吃到極佳的涼麵，既沒有芝麻醬更沒有芥末，舌尖上味道卻更有層次，不愧「味在四川」的封號，董媽家的滷菜很特別，沒有老滷，所有的滷料一鍋滷，每日調新的滷湯，一樣好吃。

董媽在一九八四年將「董媽涼麵」交給了林家兄弟，弟弟林光祥最後全部接了下來，三十年來夫妻倆從大雅市場拆遷，搬到現址，再擴大到隔壁，如今女兒都能接上手了（老媽還是會來幫忙）。每次到店裡濃濃的眷村味，沒改變，涼麵還是一樣的好吃，滷味還是那麼細緻，這也是小店最讓人懷念的地方。

02 | 01

01 第三代接班，繼續發揚眷村美食。
02 滷味拼盤，選擇多樣。

info

董媽涼麵

- 負責人：林光祥
- 住址：台中市北區篤行路408號
- 電話：（04）2205-4499
- 營業時間：08:00～14:00、
  17:00～19:30（週日公休）
- 平均消費：50～80元

洪文記涼麵涼皮專賣店

涼麵配新鮮魚丸湯，清涼又消暑

在台灣，一年四季都可以吃到涼麵，種類很多，除了日式、韓式、泰式等異國的口味，本島的涼麵大概都與眷村脫不了關係，無論是北方涼麵、川味涼麵、台灣涼麵、廣式涼麵，基本上一定有芝麻醬、蒜末、醬油、糖，拌些小黃瓜絲、豆芽；講究些，會加點蛋絲，增加它的色澤和豐富感。好的涼麵是宜素不宜葷，有的店家加少許芥末，有的加些醋，酸而不膩，或是加一些自製的紅油，添香加辣，各有千秋。好的涼麵，麵一定要挑好，軟硬適中，有口感，調芝麻醬，濃稠度很重要，過或不及都不好吃。北方的涼麵，也有不放芝麻醬只調蒜末、醬油、麻油、醋和辣醬，比例對，就好吃；如果能搭配手擀的麵條，口味更是極致！

歷史中，最早記載之涼麵，來自唐朝杜甫之詩〈槐葉冷淘〉，以槐葉汁（味微

苦），在夏季和麵，過水冷食之，有消暑降火之功效。在傳說中，是武則天發明涼麵，她在十四歲被選為才人，要送進宮裡，與青梅竹馬的小戀人常劍峰分開。武則天與常劍峰一起吃麵，武則天被熱湯麵燙到，常劍峰心疼武則天就做出了涼麵，當時是以大米為食材做的，所以叫「米涼麵」。但這種傳說是拍電影的題材，聽聽就好。

在台中，近幾年看到的有洪良記、洪文記等涼麵連鎖店的出現，一般人可能無法分辨它的差異性在哪裡，其實是師出同門，都是同一位眷村媽媽教的。僅守住一家，別無分號的是洪文記涼麵，有連鎖店的是洪良記涼麵，兩家都很好吃。只是連鎖店在品質上的控管就要多花些心思了。

洪文記涼麵原本是姊妹倆在經營，如今妹妹在美村路開了「涼食堂」。從台南到台中，路邊攤到現在的店面，洪文記堅持只賣涼麵和涼皮，不分季節，每天清晨現做涼皮四十斤，賣完為止，涼皮與涼粉是不一樣的，涼皮是麵粉做的，可當主食，而涼粉是以綠豆粉為主，當涼菜吃的，涼粉在市面上到處可買到，涼皮卻早就沒人賣了。

紅花還是要有綠葉襯托才顯得美，涼麵配個魚丸湯很搭。魚丸湯好喝在湯底，因姊妹倆來自台南，每天以新鮮的虱目魚熬煮，加上鈣質含量最高的小魚乾和柴魚，湯頭鮮甜。小菜有滷花生、豆干炒小魚，都有其特色，如果運氣好，可買到台南眷村媽媽親手做的糖蒜、豆腐乳，也會以瓶裝賣給客人。現在懂得吃糖蒜的人不多，配饅頭、麵條、涮羊肉，是上品。

店內新增自動點餐機，剛開始不習慣，慢慢地客人接受也就覺得方便。記住，農曆年前後不要來，店裡放假一個月，羨慕嗎？

info

洪文記涼麵涼皮專賣店

- 地址：台中市北區健行路87號
（位於寶覺寺大佛對面）
- 電話：（04）2234-1164
- 營業時間：06:00～14:00（週日公休）
- 平均消費：55～100元
- 小提醒：非巔峰時段，則好停車

02 | 01

01 鴛鴦涼皮搭魚丸湯，芥末、紅油可自己添加。
02 煮花生、豆干炒小魚、麻辣鴨血豆腐等風味小菜。

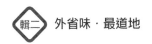

三佳早點

牛肉蛋餅加番茄醬，冰島御廚也說讚

自民國七十四年經營到現在，全年只休農曆年，這也是台灣做小吃的特性；二〇二一年終於改成每週三公休，悄悄地問老闆：「你們怎麼想開了？」老闆夫妻倆笑著說：「再不休找不到人了！」每天早上大約在七點之後，就看到健行路四三六號的早餐店大排長龍，一到假日更為明顯，到了門口只聽到老闆娘在烤箱前喊著：「燒餅好了！」一陣騷動，只見許多客人拿著燒餅夾油條的、夾蔥蛋的、夾蔥蛋加紅蘿蔔絲的，好不熱鬧，這就是燒餅出爐的景像，陸續會喊著：「蔥肉餅、牛肉餡餅好了！」只見排隊的客人，拿起紙袋與夾子，快速地夾起自己想要的。有趣的是，以前大家不排隊，圍在攤子前等，一出爐就亂成一團，沒夾子的人用手抓，燙得哇哇叫，這是外面的現況。往裡看，一個煎檯（煎檯的女師傅非常有個性），煎蛋、蛋餅、

牛肉蛋餅，最特別的屬後者，醃過的牛肉片稍煎一下、紅蘿蔔絲拌炒一下、加蛋、蔥花，自製的餅皮，包覆著五顏六色的內餡，捲成長條形，搭一點番茄醬或甜辣醬，很對味！再配上一杯自製的冰豆漿，真是美味極了，大大地滿足了我們對吃的慾望。

老闆夫婦個性開朗、樂觀又善良，蔥在颱風季的時候，漲到一把四百八十元，他們還是一如往昔，不減份量，種類雖然不多，但是品質保持穩定，這是他們的一貫作風，曾經帶美食評論家胡天蘭女士、徐天麟先生前往品嘗，也是頗有好評。最有趣的是在二〇一二年九月，台灣舉辦了一場美食高峰論壇，邀請世界廚師協會主席 Gissur Gudmundsson 先生來台，他是冰島人，同時也是冰島總統的御廚，第一次來台灣。那天他穿著襯衫，打著領結，很有紳士派頭，安排的第一餐就是三佳早

點的牛肉蛋餅與冰豆漿，因為沒有喝過豆漿，剛開始有點不習慣，但不知不覺也喝光了，還說牛肉蛋餅好吃極了，看著現做的過程還拍照並提出問題，滿有意思的體驗。歐洲人也常吃蛋餅（Omelette），是以鮮奶加蛋烹製而成，口感鬆軟，但沒有麵粉的成分。

結帳，也是一個特色，老闆的父母皆為教師，擅長心算，因此練就了每一位員工都是心算高手，不假於計算機。更好玩的是，你也可以自己算，自己放錢、自己找錢。問老闆娘：「會不會有算錯錢的？」她回了句話：「沒有關係啦！」

每天清晨三、四點起床，磨豆漿、發麵，是一天工作的開始，雖然是一間小小的早餐店，卻養活了一家人，知足、本分地做好自己的產品，老闆也很自豪，店裡的東西全是自己做的，不用擔心品質不好，

01 蔥再貴，蔥肉餅所使用的蔥量也絕不打折。
02 排隊的油條，也可以拿來搭配鹹豆漿。
03 連冰島御廚也稱讚的牛肉蛋餅。

老闆娘喊著：「蔥肉餅、牛肉餡餅出爐了！」

顧客吃得安心是最重要的。

老闆也遇到台灣傳統小吃延續的問題，一晃眼快七十歲，女兒嫁到台北有著好歸宿，兒子是否會回來接班呢？

info

三佳早點

- 地址：台中市北區健行路436號
- 電話：（04）2235-5860
- 營業時間：05:30～10:00（週三公休）
- 平均消費：50～80元
- 小提醒：位於中國醫藥學院附近、健行路與學士路口，難停車

大明豆漿店

眷村大餅與台式煎包，美味大融合

北方人喜歡麵食，日常生活中做包子、饅頭、餅、擀麵條，年節時的包餃子，看起來都比南方人做一大桌子菜來得容易。一九四九年之前，台灣很少早餐店，有燒餅、油條、包子、蔥油餅這類的早點；但一九四九年之後，國民黨撤退到台灣，老蔣總統帶著小蔣總統與全中國各地的軍民到了台灣，因禍得福，台灣老百姓才有了現在飲食的多元性。

做早點生意，就像開豆腐店一樣，起早摸黑，極辛苦，做手工麵食更是如此。磨豆漿、和麵、發麵、燙麵都有一定的時間，急不得。尤其發麵，早期留老麵發，還得看天吃飯，溫度、濕度都會影響，發得不好，今天的生意就甭做了！

從大陸撤退到台灣的軍人，剛到台灣時，薪資低，待遇差，有的與台灣姑娘結婚生子，錢更是不夠用，不得已為了生存，

只好以家鄉帶來的手藝，做些小吃，貼補家用，維持生活，這也就是台灣特有的眷村文化。大明豆漿店也是如此，老奶奶是河北人，兒子李大明帶著媳婦、兩個女兒，一九八五年開了這樣一間早餐店，人手不足，所以也請了些老媽媽來幫忙，這些老媽媽是很好的幫手，任勞任怨，就是有的時候嗓門比老闆還大些，卻很親切。

在台中，已經沒有幾家在做發麵大餅，發麵餅第一就是麵團一定要揉得夠、發得好，一點點蔥花，一點鹽，擀成大圓形，下鍋後小火慢煎，還要不停地打轉，受熱均勻，才會好吃。大餅的面上撒滿了白芝麻，起鍋的那一瞬間，香啊！吃大餅時最佳搭擋，就是自製的蔥花辣椒醬油，再奢侈一點，把大餅切開，夾入醬牛肉，淋上醬汁，夏天配一杯冰豆漿，冬天搭一碗鹹豆漿，真是美味極了！

03 02
01
04

01 鮮肉煎包內餡扎實而豐富，口感多汁且鮮嫩。
02 渾圓的麵團，煎好了就有稜有角。
03 成堆水煎包，金黃酥脆。
04 水煎包外酥內香，令人直流口水。

獨特的蛋餅，用的是燙麵，擀開後，麵皮薄，有勁道，加上蔥、蛋，煎得略微焦黃，配上一杯清漿，營養又健康，質與量最適合女士。水煎包（燙麵）內餡為韭菜、高麗菜、粉絲，煎得外酥黃、內鮮香，像拳頭一樣大的鮮肉煎包，內餡飽滿多汁，再來打一針甜辣醬，就是台中地道的吃法。不知道是從何開始，我記憶裡是一九六〇年之後，台中人吃水煎包，會把甜辣醬像打針一樣擠入煎包內，現在依舊如此。

從台灣的飲食發展來看，一個早餐店的調配醬料有紅辣椒、香蔥、醬油，又有台式甜辣醬，這就是典型的芋頭、蕃薯族群大融合，保證在大陸是看不到的。身為台灣人，是否更該珍惜此景呢？

info

大明豆漿店

- 地址：台中市北屯區中清路二段922號
- 電話：0976-506-578
- 營業時間：04:30～10:30
- 平均消費：50～80元

	02	
05	03	01
	04	

01 薄而有勁的蛋餅。
02 滿滿的蔥花，更添滋味。
03 麵團展開前的姿態。
04 剛出爐的大餅，滿載著芝麻香。
05 發麵大餅，蔥香四溢，蘸著辣醬，絕配。

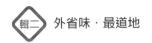

北平點心

現做現包的美味，鐵皮屋下的隱藏美食

「北平」就是北京，台灣這三十年來已經沒人用「北平」這兩字，一九八七年大陸還未開放探親前，用字還是以「北平」為主，店使用這個為招牌，主要是指北方的麵食。

老闆姓郭，彰化人，農家子弟，國中畢業之後，就到台中來學廚藝，當時台中北區有一家北方館「育樂餐廳」，附近是省政府的宿舍，台中市國民黨黨部與軍方後備軍人的單位，加上一大片眷村，做的是北方館生意，郭老闆就是在這個餐廳裡學手藝，由表哥介紹來的，他問：「為什麼不學炒菜？」表哥說：「做麵點比別人辛苦，要早起、兌鹼水、發老麵，手工和麵、揉麵，一般人吃不了苦，我們學會，以後會吃香的。」

老闆從當兵前開始，一路走來，到茶樓（粵式點心）做過，也在台中市最老的

江浙菜館沁園春（上海點心）待過，台中的正陽春鴨子樓、明湖春鴨子樓裡都歷練過的好手藝，在郭老闆的包子裡都融合了。

郭老闆的包子分別在兩個地點銷售，早上在逢甲大學旁邊的自宅，下午一點半開始在民權路、向上路的三叉路口，早上沒吃到，可以下午來吃。現做現包，建議當場現吃，剛蒸出來的麵皮就是好吃。郭家包子比上海包子大一些，又比北方包子多一些湯汁（肉餡），有湯汁的包子，若是冷後再蒸，湯汁已滲入皮內，風味就差了些。

店內主打的是肉包，其他常備的有蔥花捲、素包子、黑糖起司捲、微甜的白饅頭，最近女兒回來接班，又多了莓果饅頭、可可饅頭與可可卡斯達餡的包子。女兒大學畢業後，去澳洲遊學打工，老爸說OK，條件是：回來要接家裡的點心鋪。女兒接

04 02 03 01

01 第二代女兒接手點心鋪啦！
02 蔥花捲。
03 黑糖起司捲。
04 紅糖起司條，東方西方配也對味。

手後，有自己的想法，傳統的中國麵食包子、饅頭開始有了新意，未來會有更多的創意開花結果。

店裡以前賣的花捲，沒有蔥，可素食；現在賣的是蔥花捲，好吃極了！（小時候，媽媽偶爾會做給我們吃），問老闆為何改為賣蔥花捲？老闆回說：「自己想吃！」

幾年前，台灣駐外大使館要找位廚師，必須會做台灣菜與麵食，廚師找到了，但不會做麵食，請郭老闆幫忙，他義不容辭答應了，惡補一番，花了幾天時間，小廚師學成，想包個紅包謝謝他傾囊相授，也被郭老闆推掉了。樂於助人，知足常樂，這是台灣典型的善良百姓！

這次拍攝時，和老闆娘閒聊（她手上的包子同時不停地包餡），我問了一下：「妳大概包了多少個包子？」老闆娘想想：「一天大概包四百～五百個，包了三十年。」我算了一下，四百個×三百天（約一年），三十年下來最少包了三百六十萬顆的包子。

新產品結合西式的元素，卻是中國傳統白案的技法，合不合台灣人口味？就看市場需求。勇於創新總是好事，也提供客人更多選項，記得來嘗嘗新口味，使用的都是季節性的食材，不是天天有喔！

01 一顆一顆，渾圓飽滿。
02 鮮肉餡飽滿扎實。
03 鮮肉大包子。
04 父女倆一起忙著打點。

04 02 03 01

info

北平點心

- 負責人：郭顯澂
- 地址：台中市西屯區西安街265號（逢甲本店）
  台中市西區民權路296號（民權分店）
- 電話：0919-039-056（預約專線）
- 營業時間：06:00～09:30（逢甲本店）
  13:30～18:00（民權分店）
  （週六到17:00，週日公休）
- 小提醒：早上不要開車去，下午的地點比較好停車

上海點心之家

原汁原味，精湛的湯包技術

台中有幾家做上海式的包子、細粉、陽春麵，一家叫「上海點心」，另一家叫「上海點心之家」。一家原來在練武路（這名字取得真是名符其實，大約在民國五十二年到六十五年間，這條路大概有三個幫派，天天打架，都是眷村小孩，台灣小孩是不敢走進去的），另一家是在水湳的四平路，也是眷村的大本營，兩家的老闆都是點心師傅，學自於台北三六九的同門師兄弟，練武路這家後來搬到自由路，而今天介紹的是水湳這一家。

店裡賣的東西很單純，包子、花捲、麻醬麵、油豆腐細粉、陽春麵、豆漿，這些年才增加一個新的品項——核仁堅果饅頭，前幾年沒人力可做，油豆腐細粉與麵條都取消，如今兒子接班，才恢復原有的品項。老老闆的弟弟和哥哥學了手藝，夫妻倆在梅亭街創業，賣的也一樣，只是多

了西式早點；在樂群街的店，則是外甥出去創的店，品項也一樣，但多了肉羹。

包子叫鮮肉包，卻有一兜湯（肉凍），南方包子，個頭不會太大，以前用老麵發，要看天吃飯，如今用發粉和麵、揉麵、擀皮到包餡，是要接著來的，不然就會發過頭了。全手工，東西好吃，貴一點也是合理的。

很多人談到台灣最有名的湯包——十八摺，不知道吃的人有沒有數過？難道十七摺，十九摺就不好吃了嗎？包子幾摺，是看包子的大小而定，那塊麵皮能均勻地包起來，沒有多餘的麵頭就是好包子。在江浙一帶的湯包，不收口，蒸出來之後，那湯與包子口是齊的，從上面看，可以看到湯汁晃動，這才是技術。在台灣，可能沒有幾位師傅會包這樣的湯包了！

吃這種湯包要豎起來吃，先開個小口

（小心燙），喝口湯，再吃肉和皮，如果皮破湯散，這個包子就糟蹋了。湯是肉凍、餡是鮮肉，調鹹淡，加蔥、薑去腥添香，肉是滑嫩還是木渣，就看選料與技術。

前幾年，台北有一家來自浙江湖州的丁蓮芳千張包子，一八七八年開張，一百多年的老店，油豆腐細粉卻沒有上海點心之家的好吃。這家湯底是骨頭湯榨菜末醬油色，千張包的餡，手工蛋餃，先做蛋皮，包餡，再蒸，麻煩，卻好吃，鮮香滑嫩。別的店不做，他們堅持這樣做，這是台灣師傅的用心。

陽春麵還是原汁原味，醬色的湯，沒有肉臊、油蔥，兩三根小白菜，這就是陽春麵。麻醬麵要有好的麵條、好的麻醬之外，醬汁調的味道優不優也是關鍵，白色的麵條搭配小白菜的翠綠，褐色的芝麻醬，這樣的組合，單純、好吃，畫面更是賞心

04 | 03 | 02 | 01

01 油豆腐味道鮮甜。
02 油豆腐細粉配包子，平價奢侈的享受。
03 一顆顆渾圓飽滿，看來可愛。
04 剛出籠的包子。

悅目。

在台灣，一般分不清「兩斤一湯」是什麼。在上海的小吃裡，兩斤一湯不是主菜，他們的叫法是單檔或雙檔，單檔是一個油麵筋塞肉，一個千張包（包肉餡）；雙檔是兩個，千張就是百頁，在台灣是餐廳的湯名。兩斤一湯的叫法，是從「鑲筋頁」[註1]的鄉音而來，叫成了「兩斤一」，油豆腐細粉裡的千張包是一樣的，麻煩的是蛋餃。如今店家為了省事，大概都只剩千張包與油豆腐、粉絲的組合。

不知道從什麼時候開始出現溫州大餛飩，前幾年到溫州，根本沒有大餛飩，小餛飩卻很好吃。吃大餛飩，還不如吃餃子，同意嗎？

備註

1. 鑲筋頁：麵筋與百頁包肉。

info

北平點心

- 負責人：林裕生
- 地址：台中市北屯區四平路6-1號
- 電話：（04）2291-3019
- 營業時間：05:30～12:30（週一公休）
- 平均消費：50～100元
- 小提醒：停車難！難！難！

04 02 03 01

01 手工蛋餃，一顆顆堆成圈，蒸熟待用。
02 熱呼呼的花捲。
03 第二代回來接手，傳承父親的麵食手藝。
04 現包的蛋餃。

李記蒸餃世家

皮薄有勁，精準熟練的好功夫

02 | 01

01 打滷麵，搭蒜頭，對味。
02 廣東炒飯，料多豐富。

Logo的設計為「李・G」，G的意思是記字與第一，強調是台中只此一家，別無分號。看店名就知道，姓李賣蒸餃，會強調「只此一家」，是因為很多從店內學過的人，出去開店也會打著李記的招牌。

姊姊、姊夫開的店叫「小山西館」，是早期台中山西館荀老闆的徒弟，店內都是北方、西北菜，所以李記的作法是北方麵食，帶著一些台灣熱炒的家常菜。

蒸餃是半燙麵，現擀、現包、現吃。半燙麵不像水餃為冷水麵，涼了皮硬難吃，在台中現擀的水餃皮這幾年已近絕跡，所以蒸餃要好吃就是要現做。李記和麵的劑子，不是用切的，而是用手揪的，這就需要熟練與精準的工夫。

店內的蝦仁蒸餃，一籠十顆，一顆九元，真好。

蒸餃的蘸料，除醬油、麻油、醋，另

有蒜末、薑絲、辣油、辣醬與鮮辣椒炒豆豉（以前小魚很多），都可以自行調配。

店內有各式炒飯，但大滷麵、酸辣湯與木須炒麵才是招牌。在台灣，所謂木須炒麵或木須炒肉絲，其實寫法都寫錯了，木須是木樨，木樨就是桂花，黃花黑枝，也就是蛋與木耳為木樨必備的條件。大滷麵，「大」也是個錯字，北京人吃的是「打滷麵」，是較為重要的節日才做，打個白菜肉片滷、三鮮滷、茄子滷等等。打滷，是製作麵的澆頭（南方叫澆頭，也叫麵碼），與「大」字沒有任何的關聯。中國菜在命名上不會憑空而出，必然是與食材、烹調方式、官名、地名或比喻有關，所以「木須」或「木需」與「大」都是無意義的錯字。

三十幾年前，老闆是在篤行路的一個走廊底下擺攤，下午五點賣到宵夜，後來才搬到現在的北平路，賣兩個正餐，生意

也是日日興隆。如今兒女也大了，在國外唸書就業，至於誰來接班？老闆說：「走著瞧唄！」

04 | 03 | 01/02

01 蒸餃劑子，都是手工製作不是用切的。
02 手揪劑子，更能吃出餃皮的勁道。
03 招牌蒸餃，內餡是鮮甜的蝦仁。
04 木須炒麵是招牌。

info

李記蒸餃世家

- 地址：台中市北區北平路二段84號
- 電話：（04）2293-3531
- 營業時間：11:00～14:00，
  17:00～20:30（週二公休）
- 平均消費：70～150元

天津小狗子湯包

老麵頭發酵，便宜好吃又多汁

「老闆，你們店哪一天休息？」老闆回說：「對面的派出所休息，我們就休息。」從民國七十六年到今天，清晨兩點半起床，備料、磨豆漿、發麵、包包子、煎鍋貼，一直忙到中午，包子賣完為止。老闆的父親經營時，曾經過年休五天，帶員工出去玩，老闆說：「放完假回來就不想幹活，從此就再也沒休過假了。」所以颱風天、過年放大假時，如果沒地方吃早餐，去他家就對了。

創店老老闆劉效曾先生，九十多歲，山西大同人，抗戰時期，父親為當時七軍團上校團長劉承宗，撤退時南京兵敗，就回到老家，沒來台灣，三反、五反時的黑五類，被逼得上吊自殺了。老老闆當時為流亡學生，虛報年齡，在廣州加入了海軍陸戰隊，才跟著部隊到台灣，但連台灣的岸都沒上，就到廣州灣去接撤退的軍團，

最後是從海南島榆林港來到台灣。

來到台灣，從士官又考上陸官二十四期，但很快地從軍中退了下來，就到台北火車站對面館前路的「天一芳小館」跑堂兼學徒，山東人開的麵食館，請的麵食師傅是河南人，老老闆就是在這學的手藝。那年代，水餃一顆兩角，河南師傅教包包子，與現在市面上的包法略有不同，在收口的時候，麵頭是呈賓士車標幟內的三角形，很特別。

老老闆學的是傳統發麵，用鹼水，較不穩定，另外溫度、濕度也都會影響麵團發得好不好。如今已不用鹼水發麵，但作法一樣，每天留老麵頭來發酵，因為溫度、濕度難控制，老老闆每天小心翼翼地伺候著，做出來的包子就有筋道。這是麵皮的部份，內餡就更為慎重，光肉商就換了好幾家，摻雜豬頭肉、肚皮肉混充，都被淘

03 | 02 | 01

01 老闆開心地捧著剛剛出爐的包子！
02 一掰開，湯汁馬上溢了出來。
03 福州包配豆漿，最享受！

汰，只用當天溫體豬的後腿肉。餡內除了蔥、薑末，最主要的是打水與加肉皮凍，肉皮與骨頭高湯一起煮到化，過濾後放涼，加入肉餡打水，然後放入冰箱結凍，第二天才能拿出來包。現擀的皮包入結凍的餡，現蒸現吃，咬一口，一兜湯，要會吃才不會燙到嘴，吃的時候包子豎起來，先咬個小口，散熱，慢慢地吸一口湯，否則湯流出來，可惜了！這種帶湯的包子，除了現蒸現吃之外，建議可以買冷凍的回去凍著，想吃再蒸來吃，風味不變，不建議蒸第二回，因為湯汁已滲透到皮裡，不僅外皮的筋道沒了，風味也會跑掉。

店裡另一個好吃的就是鍋貼，內餡是鮮肉、韭菜加粉絲，除了調配的比例好之外，刀功更佳，切得細又勻。餡料調得香，鹹淡適宜，皮煎到金黃，就是好吃的鍋貼，再搭上傳統現磨豆漿，好吃又對味。

台灣早餐的種類可能是全世界最多也最豐富的，老兵帶來的燒餅油條、台式炒麵、清粥配醬菜，西式三明治、蛋餅、飯團等等，各有其特色，純手工的麵食，物美價廉，在國外很難吃到，不覺得我們很幸福嗎？

老老闆現在完全享清福，第三代的兒女也幫了一段時間，可惜的是，女兒有一手好琴藝，要進交響樂團，兒子進了公家機關，為國服務，老闆說：「再過兩年就要退休。」有趣的是，老闆娘在旁邊說；「那都是他（老闆）在說啦！」

info

天津小狗子湯包

- 創始人：劉效曾
- 住址：台中市北區永興街236號
- 電話：（04）2230-3491
- 營業時間：03:00～11:30
- 平均消費：50～80元

03	02	01
04		

01 一籠五個，曾經有位阿兵哥一次吃了三籠。
02 鍋貼內餡細緻好吃，外皮焦黃，配一杯豆漿更對味。
03 夫妻倆一起堅守美味的技藝，無怨無悔。
04 老麵發酵，麵皮沒那麼白，口又收得特殊，但就是好吃！

◇◇ 輯三 ◇◇

上館子・吃好料

想吃，但又不想在家下廚，
那就上館子打牙祭吧！
有一群人，
十分用心地雕琢每一道上桌佳餚，
用安心的食材、美味的食物、
親切的服務及嚴謹的態度，
讓你上館子就像到朋友家作客一樣，
放鬆地好好吃一頓飯！

柴火火餤烤鴨

龍眼木燻味，現烤現吃的最佳享受

柴火烤鴨，用的是龍眼木柴火，烤起來有一股龍眼燻味，好吃的烤鴨是去店裡等鴨（沒預定沒有位子，有位子也得等五十分鐘），現烤先吃，香噴噴的烤鴨，淋上君度澄酒轟然一聲成了火焰鴨，淡淡酒香，皮脆汁流，片鴨師傅拿著片鴨刀（有的店會拿把小尖刀亂片），有條不紊地下刀，片皮、片肉，連皮帶肉，都有順序、講究。早期大陸的館子，文人吃飯片七十二片，比喻孔子的七十二門生，片一百零八片，說的是水滸傳一百零八條好漢，但這是吹牛，聽聽就好。一隻鴨如果能片一百零八片，那這隻鴨可能比鵝還大。

烤鴨的標準配備是大蔥、小黃瓜、甜麵醬，柴火多了一個自家醃製的韓式泡菜，包著泡菜吃，微辣的泡菜與脆皮的鴨肉，一起入口，不小心就吃多了，在台灣都是鴨餅包著吃，也有小燒餅夾著吃，就是沒

人會做空心燒餅（山東麵食帶進北京），小而圓，酥而脆，內裡空心，剛好夾肉與蔥醬，剩下來的鴨架子，可好用了，可以二吃、三吃、四吃等等。

要多吃，鴨肉就會片得少，這樣不划算，一炒一湯的三吃最適合。嗜辣就來個鹽酥或塔香；愛酒的，紹興鴨架是首選；至於芋頭，是獨有鍾情的人，冬天就來個麻油鴨架，川味水煮也行，最佳選擇是自製汆丸子酸白菜鴨湯。

柴火以北京烤鴨為招牌，鴨好吃，那是當然的，其它的菜也做得乾淨、清爽，沒有多餘、不必要的盤飾。千層素燒鵝，餡調得好，燻得夠香；椒麻口水雞，帶著紅亮椒麻味，錦上添花的花生與芝麻，看了就流口水；乾鍋栗子蝦，栗子甜糯，大蝦鮮，乾燒入味，辣得過癮。東坡肉兩寸見方（六公分×六公分的正方形），濃油

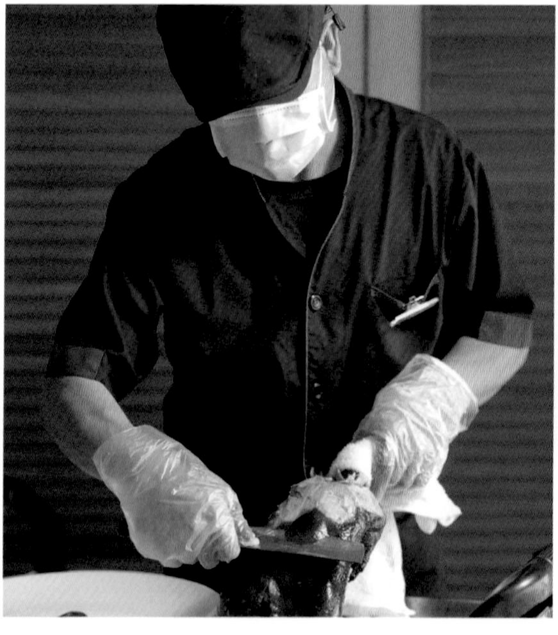

03 | 01 / 02

01 原是蒸煮的菜飯，做成了炒飯。
02 熊熊火焰吞噬了烤鴨，也逼出了陣陣焦香味。
03 師傅當場表演片鴨技術，純熟流暢，衛生看得見。

03 | 01
04 | 02

01 片下來的鴨肉布滿整整一盤。
02 鹽酥更添風味。
03 東坡肉濃油赤醬，入味好下飯。
04 乾鍋栗子蝦，鹹香帶出鮮甜味。

赤醬，做工繁複，這才是大米飯的絕配啊！川味的家常菜——乾煸四季豆，拉油不夠火候，煸得不足，就成了肉末炒四季豆，傳統江浙地區的菜飯是蒸，鹹肉、青菜、豬油與飯同蒸，蒸出來的菜飯，菜是黃綠色的蒸煮飯，如今都變成炒飯，當然炒飯也可以，只要炒得有肉、有菜又有飯，何況柴火用的是金華火腿，更勝一籌。

柴火是克良與淑玲兩位精心的傑作，佩服的是，兩位老師斜槓人生也能如此精采。經驗重要，但不是絕對，來柴火吃過飯的客人都知道，他們倆是如何善待客人，誠意又大方。如果還沒有來過，建議要來體會一下，吃過，就成了朋友，去朋友家吃飯是最愉快的，不是嗎？

info

柴火——火餤烤鴨館松竹店

- 地址：台中市北屯區松竹路三段26號
- 電話：（04）2247-8889
- 營業時間：11:30～14:00、
  17:00～22:00

| 03 | 01 |
| 04 | 02 |

01 千層素燒鵝，內餡香而好吃。
02 川味時蔬——乾煸四季豆。
03 酸白菜鴨架湯，酸白菜很夠勁。
04 柴火由克良與淑玲兩位老闆經營，待客真誠大方。

Burger Joint
七分SO美式廚房

漢堡堅持七分熟，道地的美式風味早餐

上一本《尋味台中》挑選店家的原則是：老闆就是主廚，能掌握店的靈魂；另一個要求是不寫連鎖店。這一次選了「七分SO美式廚房」，在台中有五家店，還有咖啡事業部，主因就是老闆Allen從大學時期就在Friday打工，一直做到總經理，是一位對美式風格餐飲充滿熱情的台中人，於是與好友合創純美式廚房的七分SO。

01
02
03

01 美國東岸辣醬通心粉，辣醬風味獨特。
02 野菌炒鮮蝦，菇類與鮮蝦的完美結合。
03 堪薩斯龍捲風牛肉漢堡，七分熟的口感。

費城雙起司牛肉潛艇堡，吃得到費城味道。

Allen很花心思，只是五家店的中小企業，卻像大型連鎖企業一樣，每月請秘密客考察、評鑑餐點與服務，做為改進的依據，許多連鎖店都無法像他做得細緻有效，這才是連鎖店的基本要求，以外部專業的眼光評斷，才客觀。

血統純正的美式廚房，漢堡必然要，炸物也少不了，奶昔是必備，早午餐是常態，堪薩斯龍捲風牛肉漢堡「七分熟」，這就是店名「七分SO」的由來。布里歐麵包，獨家的雙醬，炸洋蔥圈、手工做的牛肉餅，薯條站在旁邊，配上鮮紅的番茄醬，真是美到家了！

費城雙起司牛肉潛艇堡，地道的波羅伏洛起司牛肉條，就是那費城味道，大口咬下去，真有罪惡感。大蘋果皇后區的Brunch，雞米花、太陽蛋、薯塊、沙拉、牛肉，再加法式吐司，附的是加拿大來的楓糖。紐澳良鮮蝦雞肉奶油麵，聽這名字就知道要吃滿嘴，黏黏糊糊的奶油，來杯清爽鮮果汁，才化得開，這麼多厚重的菜，就來點輕鬆的吧！

野菌炒鮮蝦，就像西班牙的 Taps，爽口無負擔，邪氣的惡魔小條子，就是美國東岸辣醬通心粉（從墨西哥傳來），獨特的 Aritas 辣醬（朝天椒），吃一次你就知道。綜合炸物，隨炸現吃，馬札瑞拉起司條、洋蔥圈，紐約水牛城的辣雞翅、雞米花等等。唉！不來杯 Budweiser 怎麼對得起自己呢？台灣麥當勞以前有奶昔，便宜好喝，七分 SO 的奶昔機是正宗美國貨，奶昔醇厚香濃，再加上 Oreo 碎片，就算喝不完，回家一凍就成了冰淇淋。

美式廚房除了餐點有罪惡感（偶爾放肆一下），吃得暢快，喝得輕鬆，與店裡工作人員的互動自在愉快，這就是美式餐廳的味兒！

info

Burger Joint 7分SO美式廚房-華美店（創始店）

- 地址：台中市西區華美街410號
- 電話：（04）2326-7339
- 營業時間：08:30~22:00
  （最後點餐時間21:00）

03 / 04 | 02 | 01

01 大蘋果皇后區 Brunch，配一杯咖啡也很對味。
02 正宗美式奶昔，Oreo 口味。
03 紐澳良鮮蝦雞肉奶油麵，配上清爽新鮮的果汁。
04 老闆 Allen 經營十分細緻、有規劃。

好食慢慢

落地窗、綠草地，好食慢慢享受

02 | 01

01 絲瓜鮮蝦湯，綠池中添上一抹紅。
02 龍眼木炭烤南投放牧豬，口感緊實好吃。

好食慢慢，堅持百分之九十自製、百分之十嚴選食材，並以「食在地，食當季」為信念，沒有食品添加。在店裡另外張貼著一段標語：「既然吸空氣都會胖，不如吃好喝飽吧！」到好食慢慢吃飯是：既來之，則安之。義大利的一個小鎮在一九八九年成立慢食協會，Logo是一隻白蝸牛，主旨是反對速食。吃飯，應該是好好享受餐點的過程與服務的氛圍、食物的故事，好好吃頓飯，是恩賜，也是福氣。

好食慢慢是老闆夫妻倆合開的店，二○一二年在太原路經營了六年後，二○一八年搬到現址。店面外觀明亮，寬敞又大氣，開放的廚房，一目了然，一進門還有個麵包坊，使用自製台灣小麥的酵母，減醣的麵團，不花俏，可以放心的吃。

好食沙拉，蔬果多到滿出來，嚴選的蔬果（店內也有販售），清爽的自製醬汁，再配個濃湯，是女士們的首選。松露菇菇脆餅，一口咬下，松露味鑽進了鼻腔，脆餅裡帶著野菇的口感，搭配咖啡通寧飲，好一個悠閒的下午茶。麻油雞燉飯，台味麻油雞，滑嫩焦香，配著燉飯吃一口，嘴裡滿滿麻油香，真是突破的創意味！

龍眼木炭烤南投放牧豬，那麼大一塊的梅花肉，淡淡的龍眼木味，烤得肉嫩焦香，搭配馬鈴薯泥與時蔬，簡單，卻又是那麼的奢華好吃（只提供晚餐時段，預定才有）。最後來道絲瓜鮮蝦湯，絲瓜蛤蜊為基底，翠綠的絲瓜濃湯，鋪上絲瓜條，放上去殼的鮮蝦，靜靜的美，在一池綠波中，躍出一位紅白仙子。

兩位老闆儀松與佩宜是高雄餐旅大學的同學，一位學西餐，一位是烘焙系，志同道合。歷練幾年後，高雄的儀松與台中的佩宜，來到台中開店，從一個小店，認

03 | 02 | 01

01 好食沙拉，蔬果多到滿出來。
02 咖啡通寧飲，冰涼消暑。
03 自製麵包、減糖的麵團，吃來毫無負擔。

真誠懇地慢慢做。

今日的好食慢慢，裡面有自製的麵包，也有阿姨家傳的手藝，滷牛筋、牛腱、牛肚，辛香料搭配得宜，香氣夠又不搶味，滷得透，軟硬適中，開封即可食用，還有媽媽手工花枝丸，一些店內使用的食材販售，店裡生意很好，為何還要賣即食品呢？儀松說，二〇二〇年的疫情，對於餐飲業影響甚大，他想多做些，讓客人在回家後略微烹調就可食用的產品。這不只是好食慢慢有感受到，而是全球的餐廳都知道的事，餐廳將會有很大的變革。未來會走向什麼路不知道？只能未雨綢繆地先練功，迎接不可測的未來！

info

好食慢慢

- 住址：台中市北區梅川西路三段68巷1號
- 電話：（04）2205-8000
- 營業時間：10:00～21:00

02 | 01
03

01 老闆正在用心製作餐點。
02 麻油雞燉飯，濃郁的麻油香味。
03 夫妻倆齊力傳遞慢食主義。

皮耶小館

用心做菜，簡單食材變身精緻法式好料

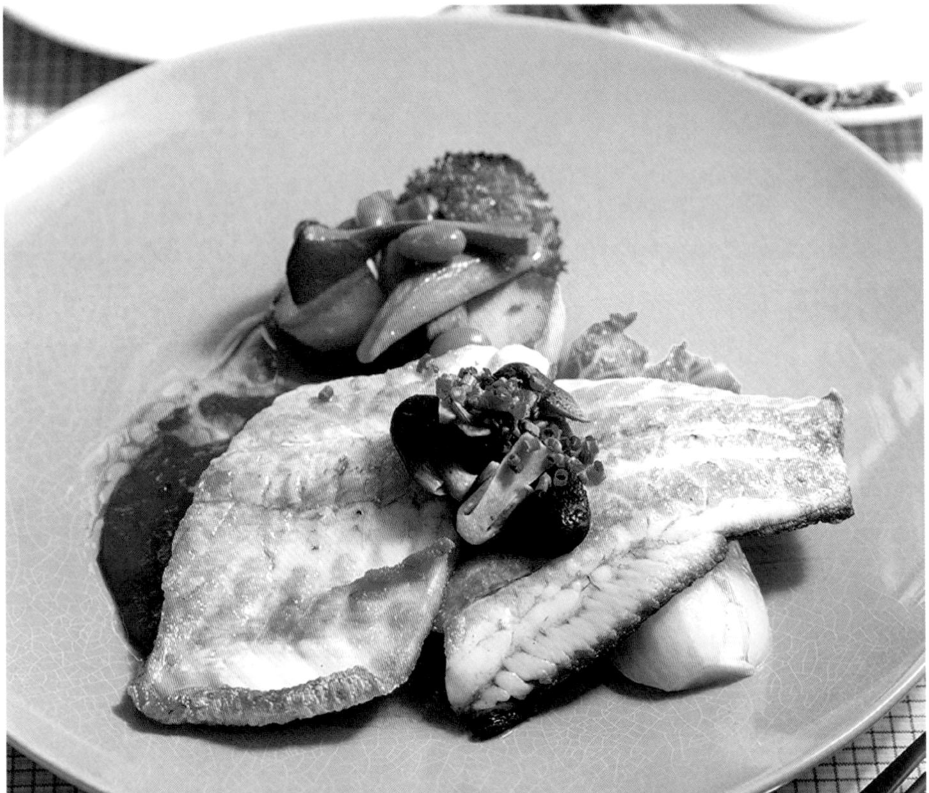

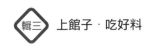

為何叫皮耶小館？老闆說，「皮耶」在法國是很大眾化的名字，他希望開的是大眾化的法式小館。

是不是每個法國人，每頓飯都是吃大餐？當然不是！

一般從事廚藝，從高中到大學念廚藝系，不然就是十幾歲就出來當學徒，而皮耶老闆陳師傅，是當完兵後才踏入這一行，起步得晚，才下定決心到法國學習三年的法式廚藝，走的是南法鄉村風味，在台中五星級飯店待了一年，無法適應飯店文化，決定開一家自己能掌握的小店，從結婚生子，一裡一外，夫妻倆合作無間。

用良心做菜是廚藝的最高境界，先是用手做菜，再來用腦，肯用良心做菜的太少了。陳師傅的菜色不多，但道道好吃，難能可貴的是，價格合理，他常常為了食材的飛漲而苦惱，卻不可能每次漲價都反應在菜單上，有的時候去吃飯，問：「這樣的情況，你能承受嗎？」靦腆的陳師傅只能苦笑。

大約在十幾年前第一次到皮耶，點的是嫩煎雞腿佐紅酒百里香汁，物美價廉，味道適中，雞腿烤得剛剛好，外焦內嫩肉多汁，其實愈簡單的食物愈不容易做好，一次做得好吃，容易；每次都能做得一樣好吃，就是職人功夫。

店裡布置得就像家一樣，回家吃飯吧！

03 01 02

01 老闆夫妻倆的合照，互相扶持的情誼。
02 嫩煎雞腿佐紅酒百里香汁，外皮焦香肉質鮮嫩。
03 焗烤普羅旺斯牛肉。

食材都是陳師傅自己挑選，店小，卻一點都不隨便，除了烤雞腿，店裡的櫻桃鴨與羊肩排都好吃，一般西餐能夠把鴨做好，其他的都不會太差。

這次又拍了兩道菜：黃金尖吻鱸魚佐番茄醬汁，鮮番茄醬汁，清爽開胃，鱸魚烤得微焦，皮酥脆肉滑嫩，那是女士的最愛。焗烤普羅旺斯牛肉，起司馬鈴薯覆蓋在燉牛肉上，好好吃喔！現在店裡只賣一種義大利麵，老闆說，炒麵的學徒學了一年可以上手，就另謀高就了。非得自己炒，費時費工又沒利潤，不得已才保留一道義大利麵。

在皮耶吃飯，可以放心，吃到的都是真食物，更可以吃到老闆夫妻倆的心意，從開胃前菜、沙拉、湯、主菜到飯後的甜點，沒有Fine Dining的奢華，卻可以舒舒服服地吃一餐好食。

info

皮耶小館

- 地址：台中市龍井區遠東街121號
- 電話：（04）2631-0641
- 營業時間：11:30～15:00（最後點餐14:00）
  17:30～22:00（最後點餐20:30）
  （週一、二公休）
- 平均消費：500～920元（無提供刷卡服務）

01

03 02

01 溫馨的空間。
02 羊肩排，料理細緻。
03 海鮮義大利麵。

竹之鄉風味餐廳

筍鮮味美，竹筒飯清香好味道

竹之鄉的店門口寫著「無肉令人瘦，無竹令人俗」，這句話後人穿鑿附會，多了兩句：若要不俗也不瘦，餐餐筍燒肉。在台中的人大概都知道，大坑的筍子好吃。在清朝，康熙年間的戲曲大師李漁的著作《閒情偶寄》，視為天下第一蔬食的就是筍，而筍隨著季節的不同，有春筍、冬筍之說，要求的就是新鮮、現採、現吃，放得愈久鮮味就逐漸消失了。所以在宋朝時，林洪的《山家清供》中就取個很美的名字「傍林鮮」，就是說傍晚在竹林邊，現挖現做最好吃。

新鮮的竹筍好吃，新鮮的竹筒難保存，要長時間保存，就需添加很多的化學藥品，平常使用的竹筷也是處理過才能長久的保存。竹之鄉老闆為了給客人安心食用新鮮竹製品，花了很大的費用與心思，我們才能吃到那麼美味的竹製食物。

05	03	01
	04	02

01 蔥燒香魚，肉質鮮嫩。
02 開陽麻竹筍，品嘗筍的鮮味。
03 筍尾炒蠔油，重口味反而襯出筍的甘美。
04 鹹蜆仔，是台味十足的小菜。
05 紅燒奭骨肉是店裡招牌。

竹筒飯，也是人在原始社會時，利用天然的器皿製造，新鮮的大米，瀰漫著竹子的清香，對現代人而言，反而是奢侈。

三杯綠竹筍，獨特的台式三杯，重口味，帶出綠竹筍的甘甜，也只有台灣才有。麻竹筍就要花些時間小火慢燉，就如同高湯鮮筍控[註1]，筍的類別不同，烹法不同；筍的部位不同，也會用不同的作法。筍尾炒蠔油，帶點粵式，卻有著濃濃的台味，開陽的鮮香，與麻竹筍爆炒，山珍（筍）加海味（開陽），怎能不好吃？一般江浙館裡，有道蔥燒鯽魚，竹之鄉是以香魚來燒，別有風味。店內有個招牌菜，紅燒栗骨，取用的是豬肋骨的尾端，上大下小的一塊肉，印證了好肉就在骨頭邊的說法，燒得連骨頭都吃。

老闆廖國棟先生忙了二十年之後交給女兒，女兒映瑄已經接手十幾年了，上次拍攝時還是大姑娘，如今已是孩子的媽，夫妻倆男主內，女主外，合作無間。映瑄唸的是靜宜大學觀光系，上過專業的課程，將店內的經營E化，提供給客人更多，更好的服務，記得下次到台中大坑來，不是只有櫻花可看，也不是只有登山步道可爬，更不是只有香菇吃，嘗一嘗用心去做的竹筍大餐，是很好的選擇。

三杯鮮筍，風味迷人。

備註

1. 高湯鮮筍控，「控」為錯字，與「爌」皆為通俗用字，本意為高湯燉鮮筍。

info

竹之鄉風味餐廳

- 負責人：廖映瑄
- 地址：台中市東山路2段1號
- 電話：（04）2239-4321
- 營業時間：11:00～14:00（週日到14:30）
  17:00～20:00
  （週二公休）
- 平均消費：100～250元

03 | 01 / 02

01 老闆娘如今已經當媽了，有先生一同協助經營。
02 高湯鮮筍控，特別選用大坑的綠竹筍。
03 湯盅，還有一尾大蝦子。

小林無骨鵝肉海鮮

陳設美，又新鮮，晚去就吃不到的台灣味

01 香滷鵝翅，令人看了直流口水。
02 五香赤肉，滋味焦香略甜。
03 鮮蝦餛飩，包著新鮮的蝦仁餡。
04 多美的鮮蚵麵線。

台灣式的海產攤加上鵝肉，沒有菜單，這是典型的台灣味。一般是鵝肉做得好，海產就做不好；海產做得好，鵝肉也就不怎樣。很多人都覺得鵝肉好吃，就是那股拉扯勁，吃得不乾脆，而小林鵝肉是最早做去骨鵝肉，吃起來方便多了，去骨之餘，頭、翅、頸，用胡椒一炒又是道美味的下酒菜，滷鵝翅更是香啊！

海產攤可以隨便擺擺，小林仔的攤位擺起來，看著就想吃，二〇一八年到比利時的布魯塞爾大教堂，旁邊有很多賣海鮮的餐廳，但都沒有小林擺得好看，當然只是好看沒有用，要好吃。協會常常舉辦一些活動，邀請世界各國的協會會長與世界廚師協會的評審，無論哪一位來都是驚訝又暢快地離開。

小林每天到漁港挑貨，差一點的都不要，價格都很親民，天天都是高朋滿座，自己是廚師，所以有許多菜，皆為獨創。

台灣式的海產攤，有道招牌叫鮮蝦餛飩，粵菜叫雲吞，到了四川叫抄手，而台灣叫扁食，扁扁地躺在盤子裡。五香赤肉，裡脊肉醃漬、酥炸，焦香略甜，正港的台灣古早味。胡椒風螺，胡椒熗得夠味。來自澎湖的高麗菜乾，與鮮魚做成湯，真速配。鮮蚵麵線，不是蚵仔麵線哦，蚵仔肥又鮮，美級了！實在介紹不完，有鱺魚肉，又有四腳的牛蛙，當季的烏魚膘與胗，天天去吃也不膩。

老闆小林仔，不但廚藝佳，也能在舞刀弄鏟之餘練書法，幾年的功力下來，令人驚豔，字寫得真好。練字就如同廚藝，一個「勤」字，記得下次去吃飯，在大啖台灣料理時，別忘了欣賞老闆，那一手正宗的中國書法。

03 | 01 / 02

01 胡椒風螺，胡椒夠味又好吃。
02 鮮美魚湯，讓人一碗接著一碗喝。
03 椒鹽鵝餘。

info

小林無骨鵝肉

- 地址：台中市豐原區環西路169號
- 電話：（04）2520-7750、（04）2520-7696
- 營業時間：11:00～14:00，17:00～21:00
- 消費：300～600元

02 | 01
03

01 老闆的書法寫得極好！
02 海產攤，新鮮讓你看得到。
03 招牌石頭鮮蝦。

恆日一九八九

清新現代風中餐廳，中西創意大比拚

01 避風塘爆米香蘿蔔糕，奇妙的搭配。
02 創意十足的海鮮排刈包。
03 燒牛腩加一顆土雞水波蛋，飯選用營養的紫米。

一九八九年生的婕綾，畢業於高雄餐旅大學中廚系，女孩子學中餐，很辛苦。中餐是武火，西餐是文火，中餐廚房，火大溫度高，西餐的廚房舒服多了。中廚要力氣也要技巧，婕綾的希望是將中餐做得像西餐一樣漂亮，味道卻有十足的中式口味，恆日就是這樣開張，說到也做到。現況有很多的中式創意餐飲，結果都成了四不像。

精緻中餐不是競賽菜，能看不能吃，而是菜做得乾乾淨淨，又好吃。台灣傳統地方小吃麻油雞麵線，麵線挑得好，麻油不過於搶味，濃厚適宜，添點蛤蠣杏鮑菇，甜味來自桂圓乾，淡淡的麻油金黃色，大白瓷碗盛出，有誠意！厚重的燒牛腩，配上色彩繽紛的蔬菜，再加一顆土雞水波蛋，從好山好水花蓮來的紫米，營養又健康。黑芝麻海鮮排刈包，自製刈包皮，現打的有機豆漿，早吃、晚吃無負擔。自己擀皮的冰花煎餃，有四種口味可選，蘸得是自製的辣椒醬，辣得暢快，避風塘爆米香蘿蔔糕，蒜香、米香、蘿蔔香，既是傳統，又有創意。法式炸薯條？NO！中式宮保味，蘸得是蒜茸美乃滋，衝突中的和諧。

店內有道綜合丸子湯，也是夫家丸東所做，幾十年的手工魚丸，真食材、不添加，值得一嘗。

各種口味的腰果，是閒談的最佳夥伴，飯後來一串糖葫蘆，不要誤會了！不是北京的山楂糖葫蘆，而是新鮮的水果串，四種水果，四種口感，薄薄的糖衣，口口都是驚奇。

婕綾內向，不擅與客人打交道，只知全心全意地把精神放在做菜上，不偷工減料，無論是早午餐的燒餅，煎餃、刈包皮、饅頭都是手工親做，吃好東西值得等。會吃，也就是吃最適當的溫度，好東西是要時間烹製，一分不能多，也不能少，好的廚師，一輩子練得就是「剛剛好」三個字。

恆日的門口，乾乾淨淨很清爽，豎了一個招牌，特別提醒「不收趕時間的客人」，是因為尊重客人的時間，所以做不好的食物，是無法提供給客人的。好食物，就是要時間說了算！

老闆婕綾用好手藝，讓人看見中式餐飲的可創性。

info

恆日1989

- 地址：台中市南區學府路146巷15號1樓
- 電話：（04）2222-0659
- 營業時間：10:30～15:00、
  17:30～20:00（週一公休）

03	01
04	02

01 宮保味的炸薯條，中西合併更添滋味。
02 創意腰果，口味多元。
03 麻油雞麵線添點蛤蠣杏鮑菇，更鮮香。
04 新鮮水果糖葫蘆，口口都是驚奇。

品八方燒鵝

肉香溢八方、令人食指動

01 清爽可口的拌水蓮。
02 金沙中卷，鹹香好下飯。
03 麻油鵝米血，創意新滋味。

品八方燒鵝是榮閔與秀菁共同創辦，夫妻倆很年輕，還帶著三個小孩。從二〇一二年的彰化「六張桌子快炒店」起家，如今十年不到，已有五家店三個品牌，誰說台灣年輕人是草莓族？

主打脆皮燒鵝，這是粵菜傳統菜式，鵝挑得好，醃製入味，掛爐烤（明爐），出爐時呈現金黃色，皮酥肉嫩，鹹中微甜，不愧琥珀燒鵝之名，比之香港的燒鵝飯，有過之而無不及。一隻全鵝，全身是寶，在廣州的傳統大酒樓，連頭帶頸的鵝頭，比一隻全鵝賣得還貴（不能理解），是作法，還是物以稀為貴？

品八方的乾鍋下巴，也就是我說的鵝頸一部分，另一部位做鹽酥鵝頭，大量的乾辣椒，熗味而出，配酒很適合，物美價廉；花椒孜然鵝翅，滷鵝翅固然好吃，在品八方就是有不同的創意，花椒與孜然的撞擊，強烈的新疆味，卻帶出了味在四川，走遍全中國最平民的菜。土豆絲（馬鈴薯、洋芋）北方是醋溜，南方是清炒，到了西南就成了熗、酸辣味，加牛肉、豬肉同炒，成了升級版。米血是小吃店的商品，品八方使用正宗的鵝米血（鵝血與糯米）、純黑麻油，配一點薑片、川七，就是一盤上得檯面的創意菜；金沙中卷，乾淨爽口，台味十足，鹹蛋黃的金沙，中卷、透抽、鮮魷都是它的名字，只要新鮮就好吃。鵝油是好油，量少，用來拌水蓮，除了台灣，大概別的國家都找不到，這不就是「台灣味」嗎？

花雕雞三吃，花雕雞也瘋了幾年，除了花雕酒是必有的調味，各有各家的配方，而品八方是三吃，一吃雞肉（土雞肉），二吃收汁的年糕，三吃是加入雞高湯與蔬菜，就成了湯鍋。從主菜、雞肉到主食年糕，最後來鍋蔬菜雞湯，真周到。

榮閔學的是正宗廣式燒鵝，明爐烤製，最近又推出平價大眾化的烤鴨，頗受好評，再推出的另一品牌碳烤吐司，也做得有模有樣，第二店也開了，從彰化來的年輕夫妻，如同拼命三郎一樣的認真開拓事業，精神讓人欽佩，在這競爭激烈的台中開店，需要步步為營，找對人才能順利拓展，在此也祝福他們一切順利、成功。

老闆開發多元商機的精神令人佩服。

info

品八方燒鵝

- 地址：台中市西區五權西四街69號
- 電話：（04）2375-5548
- 營業時間：11:30～14:30、
  17:30～21:30

01

03 | 02

01 一雞三吃，獨具特色的花雕雞吃法。
02 花椒孜然鵝翅，最開胃的調味。
03 可與牛肉、豬肉同炒的土豆絲。

Bits&Bites 嚼嚼

唯美的設計風格，餐點口感豐富而獨特

02 | 01

01 店裡的裝潢唯美浪漫，貼近現代客群的喜好。

02 海鮮義大利麵，整尾透抽擺著，大氣！

嚼嚼的老闆叫王楻凱，英文名Tony，我與他認識的時候是個陽光少年，講話慢條斯理，很有自己的想法，那時他從澳洲唸完餐飲學校，剛回國，談到想開店，我覺得太快了，應該再增加一些實務經驗，比較穩當。

隔些時間，從小伍媽媽（我叫老闆小伍）的口中，得知他去德國餐廳工作，也在澳洲工作了一段時間，回到台灣，分別在台北、新竹、台中都經歷了餐廳的磨練，前兩年回台中開店，圓了夢，店在英才路（原址是張溫英的牙科），店名叫「嚼嚼」，英文的意思是多吃幾口，小口地細嚼慢嚥，翻譯得很貼切。

小伍在澳洲念書，德國工作，對西式的元素詮釋得很好，什麼是澳洲式早午餐？小伍說：「運用不同國家的烹調方式，組合成一份餐點，有起司、麵包，最重要是少不了蛋，這也是我最常吃的東西，再添些自己融合的風格，就是嚼嚼的菜單。」

雙重起司通心粉，自調的起司醬通心粉，精心挑選的可頌、水波蛋、有機蔬菜沙拉，竟然還有培根，吃了有些罪惡感，卻很滿足。份量夠又健康的沙拉，配碗濃湯，是輕食的典範。炎炎夏日，點一份炒野菇水波蛋，來一杯夏日水果汽泡飲，清涼暢快，薑黃脆皮雞義大利麵，雞肉鮮嫩，麵條與薑黃，色美胃暖，再來一杯梅果汽泡飲，是正餐，也是下午茶。

墨西哥捲餅，各家捲的方式不同，調的起司醬，手撕豬肉，一份有兩片，不來份鳳梨咖啡飲是說不過去的。粉紅海鮮義大利麵，很有誠意放上整尾澎湖透抽（鮮魷魚也是中卷），同炒的麵條與野菇，再添些蛤蠣。小伍請我喝黑咖啡，搭配這盤海鮮麵，簡單又舒服。

拍攝完與小伍閒聊，他調了一杯阿芙加朵請我喝，雖然是飲料，但是像甜點，可惜沒拍，下回去店裡，可點來嘗嘗，好吃極了！

從小伍還是大男孩時就認識，如今他已是兩個孩子的爸，對於餐飲還是充滿熱情，每次去，看他滿頭大汗的在廚房忙進忙出，沒有累的感覺，只有滿滿的自信與衝勁！

老闆小伍堅持對餐飲的熱愛。

info

Bits＆Bites 嚼嚼

- 地址：台中市北區英才路258號
- 電話：（04）2207-0287
- 營業時間：08:00～17:00（週二公休）

03	01
04	02

01 墨西哥捲餅一份有兩片，還有鳳梨咖啡飲。
02 份量夠又健康的沙拉，清爽！
03 炒野菇水波蛋，搭配水果氣泡飲。
04 薑黃脆皮雞義大利麵，配上一杯氣泡飲，看起來真美。

孟記：復興餐廳

踏實不花俏，眷村美食代表

眷村菜是台灣最特殊的菜型。一九四九年孟奶奶跟著部隊到台灣七十多年了，孟奶奶就是眷村菜的代表，剛來時帶著鄉音與口味，山東人，吃麵食，如今已是南北和。台中清泉崗機場，對面的眷村有空軍、裝甲兵、海軍陸戰隊，住的是天南地北來的外省人，結婚生子後這裡又加上台灣姑娘與原住民。

眷村菜不花俏，求的是好吃，有味道價格公道，物盡其用，開店只是求生存，復興餐廳就是這樣活下來。孟媽媽說的好，「活動活動，要活就要動」，如今九十多歲了，腿不方便，交給第二代的是安徽媳婦，第三代有兩個女兒，一位是餐飲本科，另一位從教職轉而接手家裡的活，兩位女兒都能上手了，像這樣純粹的眷村血統，少之又少。

蔥油餅、水餃、酸辣湯，北方的家常

小吃，梅干扣肉配上刈包就是南方的吃法。蔥油餅，蔥的比例要對，不能太薄，水餃皮與餡各占一半重要，手擀的皮，已經不太容易吃到了。拌白菜心，北方館原為敬菜，招待客人的小菜，一般店做的大白菜沒入味，隨便拌一下就出來了，大白一定要先醃鹽，出水入味，才能調其他的配料。雞絲拉皮，除了拉皮就是芝麻醬的調味，加些芥末更有感覺，中國菜用芥辣，比日本人早多了。麻辣牛肚，麻中帶辣有點川味。山東有個德州扒雞，河南有道口燒雞，復興有自創的招牌香酥鴨，好吃的很，這些就是眷村菜。

孟奶奶從一個小雜貨店，簡單的賣幾樣麵食與小菜，一晃七十多年，老員工一做幾十年，因為一家三代都懂得對人好。「有捨，才有得」，餐廳沒有因為地點的偏遠而不好，反而是更加紅火。

拍攝的時候，已是元月份，店裡擺著與眷村合作應景的辣香腸、豆腐香腸、臘肉等，店裡簡單的陳設，食物份量足，好吃又便宜，門口晾曬著醃菜，還能去哪找這樣的眷村味呢？

02 | 01

01 復興自創的招牌香酥鴨，美味！
02 梅干扣肉帶刈包，是客家人的吃法。

info

孟記：復興餐廳

- 地址：台中市大雅區忠義里月祥路301號
- 電話：（04）2566-4161
- 營業時間：11:00～13:30、
  17:15～20:00（週一公休）
- 平均消費：200～500元

01 拌白菜心，清爽好入口。
02 麻辣牛肚，麻中帶辣的川味好開胃。
03 雞絲拉皮，芝麻醬好調味。
04 孟奶奶和她的家人。
05 門口曬著醃菜，讓人感受到濃濃的眷村味。

飲食觀念：入口的是對烹飪的尊重

錢鍾書一篇談吃飯的文章說道：這個世界給人弄的混亂顛倒，到處是磨擦衝突，只有兩件最和諧的事物，算是人造的——音樂與烹飪。

錢先生生於一九一〇年，隔年滿清被推翻，接著軍閥割據（中國內戰），到了抗日戰爭後，留在中國，於一九九八年逝世，是語文、歷史學家，也是小說家，有部最有名的小說《圍城》於一九四七年出版，城裡的人想逃出來，城外的人想衝進去，這就像婚姻與人生。

大陸《美食家》作者陸文夫說：要吃飽，下碗麵就可以。到館子吃飯，是專業廚師做給你吃，那叫講究。講規矩的餐廳，從接待、招呼、入座、點菜收拾、結帳到送客離開，小心謹慎，現在有星星的餐廳能做到嗎？去餐廳吃飯，不是只有食物做得好不好，更重要的是「你」會不會吃？有沒有品味？還是財大氣粗，「最貴的都給我上！」那是土豪，餐廳老闆聽了也會偷笑！「盤子」來了！

懂得享受美食，才懂享受人生

品味——沒有標準，只要自己高興就好，但你要在這家餐廳用餐，必須知道這餐廳擅長什麼？川味？粵菜？上海菜？還是創意料理？法餐（小酒館、Fine Dining）？美式？日式（小食還是正餐）？每家餐廳都有它獨到之處，才能生存，但幾乎沒有一家餐廳是萬能的，每道菜，每次都能做得一樣好，「人有失神，馬有亂蹄」，只要是手工做，難免有疏失。好餐廳，品項不會太多，道道精采，這就是品質，也是對顧客的責任，相對的，顧客呢？

對食材、作法、調味、搭配有沒有基本的認識，你去吃的是什麼？你懂，才能吃到好東西，是監督，更是對餐廳廚師的尊重。真金不怕火煉，才是雋永的滋味。

米其林第一年在台北評鑑時，說到：「菜式太多了。」只要列在菜單上，就得每道做好，不要十八般武藝，樣樣稀鬆。「貪多嚼不爛」是老祖宗告訴我們的金玉良言，餐廳如此，人生不也不是這樣嗎？

◇◇ 輯四 ◇◇

國飯・滷肉飯

素有「美食王國」美稱的台灣，
具代表性的料理是從小吃到大最熟悉的「滷肉飯」。
豬肉佐以各式獨門醬汁滷得入味，
淋在飯上成了無可替代的美味佳餚，
庶民料理躍上國際成為饕客必吃的「經典國飯」。
在台中，有一群人用心傳承這道國飯美食的好滋味，
現在就讓我們一同去瞧瞧！

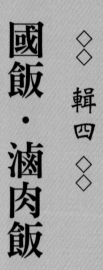

嵐肉燥專賣店

專注用心，限時限量的銷魂肉臊飯

台中市的第二市場是個有趣的地方，早期清晨為水果批發市場，白天為高級食材的販賣市場，從早到晚二十四小時都有吃的，一大早有意麵，麻醬麵，菜頭粿，到了中午有魚皮湯、滷肉飯、爌肉飯，有立食的日本料理，很好吃的芋頭糕、包子餛飩；中午過後，有聰明擔仔麵、蚵仔煎、燙魷魚，到了晚上有李海滷肉飯，賣到天亮才收攤。

嵐肉燥專賣店的位置並不是很好，但生意做得很有個性，以前從十一點賣到下午兩點半就沒東西吃，大概是被客人逼的，現在是九點營業到下午三點。雖然提前到九點營業，一樣是開門客人就得拿號碼牌排隊，晚來就沒東西吃。

每個小吃店都會做肉燥，嵐主打肉臊（肥四瘦六比例的後腿肉），二十多年來保持品質穩定是最重要的，不亂添加藥

材香料，只是以豬肉、醬油、豬油小火慢熬。店內的東西不多，梅花肉飯、肉丸子飯、雞捲湯、肉臊飯等。每道都不錯，肉丸子大小適中，在滷湯中入味，一碗三個，一杓滷汁，一點點蔥花（少見在飯上放蔥花），梅花肉泡在滷汁裡，香嫩可口，一不小心連舌頭都吞下去，配一碗雞捲湯，美極了，湯底有柴魚、丁香魚、蘿蔔、昆布，清鮮不膩人。

簡簡單單的小吃，老闆娘是用良心在做，下一代兒女也跟著做，他們知道，好吃的東西是專注用心做出來，不貪心、知足常樂，這都顯示出台灣小吃的獨特性與風格，記得下回早點去，去晚了就沒得吃，不過沒關係，從早上八點到下午四點，肉臊、肉丸、雞捲，餛飩都有現成的，可買回去DIY，風味不變。

店裡位置實在太少，轉個身就是人碰人，前兩年有機會在隔壁又租了個店面，增加二十多個位子，在餐期，位子一樣不夠用。

崴肉燥很本分地做好自己的產品，連續四年都拿到經濟部所舉辦的國飯甄選優良店家，也得到台中市政府的肯定，只是在市場內的小攤位，卻能做到口味一致、品質不變、待客得體，有時候去吃知名小攤，卻吃了一肚子氣，最難得的是，崴肉燥店裡桌上的調味料罐，每天擦得乾乾淨淨，一點也不油膩，這是一般小吃店最大的通病。

台灣的傳統小吃很精彩，但在外國人的眼裡就是不衛生，好吃卻坐不住，而崴肉燥在這麼吵雜與老舊（有百年歷史的市場）的環境裡，卻能夠用POS機，讓客人好吃又安心，更成為公部門在傳統市場改造的一個示範店。

01 家人分工合作。
02 獨家配方的肉丸子，好吃！
03 梅花肉片，瘦而不柴，十分好吃。
04 怕胖的人最喜歡梅花肉飯和肉臊。

info

嵐肉燥專賣店

- 地址：台中市三民路二段
  （第二市場內攤位36、37號）
- 電話：（04）2222-6010
- 營業時間：08:00～16:00（門市販售）
  （週一公休）
- 店內供餐：09:00～15:00
- 平均消費：50～100元

玉堂春

美村路平價美食，滷肉豐腴軟熟

「兄弟同心，其利斷金」，玉堂春就是最好的例子，命名為「玉堂春」是對梔子花潔白與整潔的執著。名作家魚夫當經濟部滷肉飯節的評審，一進到店裡，驚豔地說，這像是五星級的滷肉飯，簡單明亮，舒服的空間，店內不大，卻是賣滷肉飯的另一層次，呈現出台灣傳統小吃應該走的趨勢。

兄弟倆很有使命感，有星級飯店廚師的背景，在社會的歷練後，願景是如何讓從小到大最常吃的台灣傳統飲食精緻化，而不是好吃的滷肉飯，卻一定得吃得汗流浹背。

店家有飯店背景，實際操作的養成，飯、麵、小菜、湯，做得乾乾淨淨，好吃又漂亮。滷肉用的是油丁，也是腹協肉，皮帶著肥肉，手工切丁，整整齊齊，味道調得剛好，台南口味，略甜，但甜得適口。爌肉飯，不軟微爛的三層五花肉，微辣牛腩飯，口感好，「三下五除二」註1就吃光光了。

新推出的蝦蔥拌麵，做的比北部川揚老店的蔥開煨麵好吃多了，豬耳朵更是平常小攤的滷味，隨手切切，撒上蔥花就上桌；看看玉堂春的豬耳朵，厚切又入味，好看也好吃，只賣四十五元。招牌豆干，滷得入味，像豆腐一樣嫩。蔥油雞腿，蔥

新推出的蝦蔥拌麵，爽口不膩。

備註

1. 打算盤的術語，比喻很快。

油有味，雞腿滑嫩，自製胡麻醬的燙過貓，挑得好，燙得嫩又爽口！鹹菜雞湯，轉彎小雞腿（雞翅），清爽的客家鹹菜雞湯，開胃解膩，是滷肉飯的最佳拍檔。

一碗好吃的滷肉飯，滷肉與飯各占一半，有好的米，也要會煮飯，煮好的飯，在上桌前，要鬆好熱飯，這樣才是一碗成功的滷肉飯。

玉堂春連續幾年拿到經濟部評選的最佳國飯，更以他們為台灣傳統小吃躍上國際的示範店，兩兄弟是如此用心地做，但還是有酸民在網路上挑剔。吃是主觀的，開店做生意，就不要計較，真金不怕火煉，只要是真功夫，哪怕別人不識貨呢？努力吧！也許今年米其林就看見了！

info

玉堂春

- 地址：台中市西區美村路一段220號
- 電話：（04）2301-3008
- 營業時間：11:30～14:30、17:30～20:30（週三公休）

04	02	01
05	03	

01 兄弟倆同心其利斷金，合作無間。
02 滷肉飯口感偏甜，台南風味。
03 微辣牛腩飯，一上桌馬上吃光光。
04 燙過貓，淋上的是店家自製的胡麻醬。
05 客家鹹菜雞湯，解膩又好喝！

有春茶館

滷肉飯飄香，傳承小吃與家的風味

有春，店名取得好，在台灣老人家的觀念裡，希望是「有剩（台語）」，不是花光光。店的願景更好，保有台灣人、情、味風氣，對台灣傳統飲食，不但複製，而且創新，店裡的食物不太商業，有的是媽媽與家常味，平價的餐飲，食材挑得很好。

老闆娘沛瀅，年紀輕輕，已是三個孩子的媽，但已在餐飲界闖蕩了二十年，起起伏伏，找出了自己喜歡的方向，有春的設計，不但是喝茶、吃飯的好地方，與地方藝術家的合作，出錢出力，推廣台灣本土藝術，店內充滿著濃濃的飲食文化氣息，信手拈來，都是台灣好食物、好品味。

有春在二〇二〇年，得到經濟部國飯（滷肉飯）甄選高分通過，店內滷肉飯套餐，是以台灣傳統桌上的紗罩出餐，好看又衛生，排骨酥湯、手工精緻滷肉飯，綠色蔬菜再搭個豆腐，附的是仙草甜點，這

一套真是台灣味十足阿！自創的三杯雞，多了紫色茄子與鍋巴，別有風味。醬香鍋粑飯，傳統小飯鍋，上菜時稍等一會兒，鍋巴更脆更香，粗瓷器（要用台語唸），裝的是酥肉芋頭米粉湯，湯、主、副食三合一，再來一杯烏龍春珍奶，過癮吧！

一般小店的四神湯，清湯寡水；有春的四神湯，豬肚、豬腸雙料，四神其實是中藥的四臣（台語音）神與臣同音，久而久之，薏仁、蓮子、山藥、芡實（蘇州叫雞頭米），這四臣，就成了神，料多味厚，就是有春的四神湯。

若不吃正餐，年節時期下午茶，來個台灣風味的年糕加發糕，吃了不但發財，而且年年高升，炸年糕蘸糖麵茶，再來杯杏春青茶露，聊是非、談公事兩相宜。

有春不但食物做得好吃，美食亦須美器襯托，不是華麗，而是搭配得宜，那就

是對食物的品味，肯做功課，加上慧黠的心，再努力幾年，有春也許成了台灣傳統餐飲的新地標，加油吧！

04	02	01
	03	

01 醬香鍋粑飯，底下的鍋粑又脆又香。
02 滷肉飯套餐以台灣傳統的紗罩出餐，格外有情懷。
03 四神湯，料多豐富。
04 酥肉芋頭米粉湯用粗瓷器裝著。

info

有春茶館

- 地址：台中市南屯區大進街377號
- 電話：（04）2322-1669
- 營業時間：11:30～21:30

阿旺澄食堂

豐原深夜美食，滷肉飯、肉粥都美味

阿旺澄，這是算過筆劃的命名，店裡的生意真是旺！

一九九一年，老闆林昭成的媽媽，在豐原廟東附近，一棟騎樓下的小攤起家，後來才搬到現在圓環西路，每次經過，下午五點多，客人就坐得滿滿。昭成二十二歲就承接媽媽的手藝，至今也有十五年，不但生意穩定，連中央廚房都設立了，他抽空還去東海大學念餐旅系的EMBA，差論文完成，學位就拿到了！昭成的論文主題寫的是魚漿製品，也是店裡賣了三十年的主打商品。

店裡的招牌是肉粥，這種台式肉粥，其實就是湯飯，飯蒸熟，不煮，直接加入調好的底湯、梅花肉片、筍絲都已入味，組合在一起，就成了肉粥，底湯調得好喝，所以店裡也賣沒有飯的肉粥清湯（減肥與生酮飲食者很愛）。

花枝丸、雞肉丸子（上）、台式肉粥（下）都是店裡的明星產品。

除了粥，就是飯，連續三年入選經濟部的國飯甄選，肉臊飯、豆豉苦瓜，再來碗手工雞肉丸湯，有葷有素，有豬肉、雞肉、魚，只要一百元。

魚丸、貢丸到處都有，阿旺澄的雞肉丸子，獨樹一格，雞肉不柴，魚漿滑嫩，現炸吃乾的，香脆又嫩，做湯也不錯。媽媽的滷大腸，軟爛入味，不腥臊；養生紅糟肉，先醃後炸，有肥有瘦，外酥內嫩，就是好吃！

自創的月亮蝦餅、椰香蝦捲，新鮮白蝦與魚漿的融合，鮮甜的香酥味。櫻花蝦甜不辣，自創一格，配粥配飯，都很順口。現炸頂級花枝丸，限量的菇菇湯，都是店裡的明星產品。

問昭成，這麼忙，為何還要去唸 EMBA？他回答：「多學點。廚藝的技術，可以慢慢累積，從經驗中創造；但經營與管理，還有成本計算，這些都是自己的不足，不找專業的學習，不是原地踏步，就是被超車。」

台灣本土小吃還有很大的空間發揮，只要自己願意努力，總是會有收穫的。

info

阿旺澄食堂

- 地址：台中市豐原區圓環西路78號
- 電話：（04）2524-4449、0980-579-004
- 營業時間：16:30～23:00（週一～週五）
  17:00～23:00（週六～週日）

04	02	01
05	03	

01 豆豉苦瓜，退火！
02 養生紅槽肉。
03 招牌肉臊飯，連續入選國飯徵選。
04 限量的菇菇湯。
05 自創的月亮蝦餅，值得一試。

正魯肉飯

要肥要瘦，包君滿意的古早味

創始人是莊德三先生，於民國六十二年開業，至今已四十八年，莊德三先生的手藝源自何處，已不可考了。

魯肉飯的「魯」是錯字，魯是姓氏，也是山東省的簡稱，所以是無法滷東西，「滷」菜、「滷」肉飯才是正確的寫法。但在市面上這樣的「魯肉飯」寫法，已經是處處可見，幾年前有位大陸山東籍的學者，來台訪問，他也很好奇，問：「這是我們山東人發明的？為何滿街都看到魯肉飯、魯味呢？」是因為錯久了，就成對的！二〇一一年，英文版米其林台灣綠色指南（Michelin Green Guide），滷肉飯譯為「Lu（Shan dong Style）Meat Rice」，成為了台灣滷肉飯源自山東的錯誤訊息。當時的台北市長郝龍斌發布新聞稿，正名「魯肉飯」為「滷肉飯」。

店裡賣的種類不多，滷肉飯、滷豆腐，

一鍋湯，有脆丸、貢丸、粉腸，冬天有蘿蔔，夏天有筍子。另有一鍋肉羹，燙青菜、豆芽菜、白菜滷、滷蛋、白切肉，就這些，份量都不太多，味道卻不錯。至於價錢呢？算合理，店裡的靈魂就是這一鍋滷肉，四十年來所用的肉，品質不變，豬肉還是秉持傳統用手工切，調味選用金蘭淡色醬油，所以滷肉顏色不會太深，飯煮好會用竹鏟把飯先鏟鬆，再澆上滷肉（要肥要瘦，一定如你意），沒有配菜（一般店會搭黃蘿蔔、蘿蔔乾、醃製嫩薑），就是一碗滷肉飯。

　好吃的東西，就是得花時間，他們家的滷豆腐，是單獨放在滷肉鍋裡，小火慢燉，完全透味，又不會成蜂窩狀，一樣滑嫩，再加上台中特有的林信成辣椒醬，剛好夠味。湯底以豬大骨敖煮，再放入豬五花，不加鹽，清鮮，調味時不是放鹽而是直接在碗中放入鹽水，再加入高湯，這樣

02 | 01

01 清爽好喝的鮮筍湯。
02 要肥、要瘦，隨你選！

湯底可保持原本的鮮甜濃度，而白切肉就是這樣煮出來的，整條白煮肉切成片，每片都是三層，再切成小塊，放一點嫩薑絲，醬汁就是蒜茸醬油膏，有肉吃又不膩人。在台中到鹿港這一帶，六十歲以上的在地人，在點這道菜時，會有一種特殊的叫法「白坏」，坏為台語信封的發音，一般年輕人應該沒聽過，也聽不懂。

台灣滷肉的作法，早些年是極簡單，沒有辛香料、油蔥、蔥等，只要有好醬油就可以了，所以到了第三代，四十年來還是堅持用同一種品牌的醬油，也是一樣的好吃，有時太多的添加物、辛香料，反而喧賓奪主。

店內豬的內臟，只賣粉腸，粉腸不太好挑，也不好煮，火候不夠，嚼不動；太過了，又木渣渣的，運氣不好還會碰上苦的。為什麼有的會苦？據說豬要吃飽後才宰殺，如果在飢餓的狀態下宰殺，豬會分泌膽汁，留在粉腸內，粉腸若呈現淡黃色，那就會苦了。

從開店到現在，也只不過增加了白菜滷，這樣的小店，前兩年為了整修，休息了大半個月，廚房的動線更流暢，生意一樣好，產品沒改變，一樣的堅持除了滷肉飯，就是不賣排骨飯、爌肉飯。

info

正魯肉飯

- 負責人：陳國勳
- 地址：台中市北區健行路593號
- 電話：（04）2203-5707
- 營業時間：06:00～14:00（週日公休）
- 平均消費：50～100元
- 小提醒：機車好停，車難停

02 | 01

01 店內空間，簡單乾淨。
02 滷肉飯、滷豆腐、白切肉、燙豆芽、魚丸湯、肉羹等，就像辦桌一樣澎湃。

涼師父大腸蚵仔麵線

招牌竹筍滷肉飯，銅板美食料多實在

「涼師父」就在逢甲夜市的文華路，到了晚上人擠人，做的是傳統小吃，大腸蚵仔麵線，而店內的主力——竹筍滷肉飯，連續幾年得到經濟部甄選國飯的青睞。「若要不俗也不瘦，餐餐筍燒肉」，蘇東坡從來沒說過這樣的話，那是後人穿鑿附會添上的，如果以現今的社會來說，那就是假新聞。

涼師父的竹筍滷肉飯，好吃，細緻的刀工，筍丁與肉丁切小方塊，一般大小，鮮筍入味，肉丁滑嫩，入口有層次，又香氣十足。大腸麵線，加了鮮蚵口感更好，一碗國民美食，提升層次，咖啡色的大腸、淺色的麵線、淺灰白的蚵仔、紅黑的辣醬，再點綴鮮綠的香菜，小碗的只要銅板價五十元，台灣怎能不被稱為美食天堂呢？

麻辣鴨血滿街都是，什麼叫好吃？麻得含蓄，辣得溫柔，鹹味適度，豆腐入味，

而鴨血要嫩而有味（火太大鴨血會有氣孔），涼師父的麻辣鴨血就是這樣的水準；肉羹、魷魚羹，芡勾的輕薄不澥，肉與魚漿配比得當，魷魚發的滑嫩不老，上桌時加點烏醋與九層塔，除了台灣，別的國家是吃不到的。

老闆夫妻倆是員林人，自家種的紅心芭樂與棗子，非常好吃！前幾年紅心芭樂剛上市，買來嘗嘗，口感差又澀，就再也沒買過。這次拍攝，店裡的紅心芭樂汁，裡面加一點檸檬，好喝又爽口，再吃一個剛從家裡摘的紅心芭樂，完全改觀，原來紅心芭樂也可以這麼脆，甜中帶點微酸，好吃。

涼師父是傳統的小吃店，掙的是銅板錢，但卻懂得生活上的幽默，店內的一片窗戶就放在牆壁，當海報、看板用，上面寫著：「人要常說請、謝謝、對不起，對不

起……我錢包忘了帶，請我吃飯，謝謝！」

下回去店裡吃飯，記得對老闆或老闆娘指著牆上這段話，看看他們收不收錢？

05	03	01
	04	02

01 一飯一菜一湯，滷肉飯裡有滿滿的鮮筍。
02 蚵仔大腸麵線，料好實在。
03 幾樣小菜都是店家的用心調配。
04 自產的紅心芭樂，新鮮又甜。
05 魷魚羹，口感滑嫩而不柴。

info

涼師父大腸蚵仔麵線

- 地址：台中市西屯區文華路7-5號
- 電話：（04）2451-1668
- 營業時間：11:30～22:30

台灣國飯：庶民美食的翻身

經濟部美食計劃，從二〇一七～二〇二〇年這四年，訂定滷肉飯為國飯，韓國人有泡菜、日本壽司、生魚片，義大利披薩、美國麥當勞漢堡、德國豬腳，台灣也可以把滷肉飯列為國飯。

四年下來，全國上山下海，外島除了蘭嶼、綠島，連金馬前線，澎湖都有店家入選，評審團有權威，亦有實務經驗，最高紀錄一天五家，連吃七、八天，吃得不亦樂乎！

國民美食滷肉飯，肉絞一絞，放點醬油與油蔥燒一下也可以，很簡單，但也真不簡單。挑對豬的部位，南北要求不一樣，手工切、切長、切方、帶肥、帶瘦、帶皮都有講究，純釀醬油，還是四十五元一瓶（塑膠瓶）的速成醬油，差多了，加辛香料嗎？油蔥還是蒜香的？現做現吃，還是今天做明天吃？做二斤還是十斤呢？滷肉臊子看起來差不多，其實差很多。

滷肉飯，好不好吃，滷肉占百分之五十，另一半是飯，新米、舊米，幾號米？哪裡產的，池上？怎麼煮？煮完如何保溫？如何出，鏟鬆鬆還是壓緊緊？搭什麼？蔥花、蘿蔔乾、漬薑、醃瓜、酸菜末、黃蘿蔔，畫龍點睛少不了它！

這個單元有六家，就像京劇演員唱戲的腔，各有各的調，經濟部的甄選不排序，符合規定即可，各位讀者去吃吃看，自己可以有個滷肉飯的排行榜，誰是心中第一名。

最後提醒的是：不要再寫成「魯」肉飯，台灣的國飯成了山東省的省飯啦！肉「臊」，「臊」是切碎的肉，與「燥」無關。

◇◇輯五◇◇

米其林・必比登

二〇二〇年，

米其林指南新增「台中」星級美食，

許多特色佳餚可以讓更多民眾看見，

也等著各地饕客們前來嘗鮮。

美食薈萃的台中，

不管是巷弄小吃，還是裝潢高雅的餐館，

不同風味的星級餐廳，都能讓你大呼過癮！

法森小館

嚴選食材，呈現道地的法式風味

這個單元是台中米其林餐盤推薦與必比登的專欄，法森小館是列在餐盤推薦的名單內，實在是嚴重的被低估，台中有四家米其林星星餐廳，一家兩星，三家一星，懂吃、真會吃的台中人都知道，法森與之相比，絕不遜色，當然了，這是我個人的觀點。

二〇〇三年創業，老闆Chris做菜就像拚命三郎，剛創業的前兩年，做菜做到都住院了，壓力大與對食材的執著都是原因。台北朋友來台中，常說的是：「台中人有福氣，有這樣的廚師、有這樣的餐廳，要吃到如此的美食，在台北就是多付出點鈔票也不一定吃得到。」

為了這次的拍攝，Chris做了幾道菜，都是店內菜單上的菜色，午餐（套餐）的價位九百八十元，含湯、麵包、開胃小品、主食、甜品與飲料，這樣的價位平淡無奇，

但是以Fine Dining餐廳而言，實在是客氣。真的驚艷還是在出菜後才能感受到，細緻的服務，絕佳的品質，從麵包開始，就一道道呈現出來：

麵包

一是經典法國球，香、酥、鬆、軟，比在法國吃，有過之而無不及；二是麵包籃，有四種口味：鹹奶油布里歐、核桃裸麥、迷你可頌、芝麻脆餅，都是以地道的法國麵粉與奶油、天然酵母做的。

開胃小品

一道是陶罐鴨肉派佐野櫻桃醬汁，不是只有鴨肉，內餡還有松露、鴨肝與開心果；另一道是三拼：布根地乳酪泡芙、番茄冷盅沙丁魚抹醬、蜜瓜生火腿。

03 / 04	02	01

01 開胃小品：泡芙、番茄冷盅沙丁魚抹醬、蜜瓜生火腿。
02 麵包集錦，香氣四溢。
03 干邑白蘭地龍蝦濃湯，酒香若有似無。
04 Petits fours 法式小蛋糕適口好食，又能滿足視覺享受。

湯

干邑白蘭地龍蝦湯，干邑白蘭地的酒香若有似無，龍蝦頭與番茄蔬菜的熬煮，金黃色的底湯，粉紅龍蝦肉，白色乳霜，點綴著魚子醬，翠綠蝦夷蔥，經典也地道的法式湯品。胃口小的人，主菜還沒上，就快飽了，但主菜一出，胃立刻挪出位置。

主菜

一道是法式紙包魚，將格陵蘭大比目魚以烘焙紙包烤而成，大比目魚如同鱈魚一樣嬌嫩，添以白酒、蛤蠣，去腥也增鮮，魚上裝飾一些鮭魚卵，魚鮮、蛤蠣鮮、魚卵鮮，這才是三鮮。

另一道主菜阿爾薩斯酸菜燉豬腳，是法國阿爾薩斯的家常菜，豬腳、油封五花肉、香腸，再加上自製酸菜，燉煮而成，

豬腳加酸菜，不是烤也不是滷，而是燉煮，少了油膩，多了胃口，愛吃肉的不能錯過。

最後當然是完美的 Ending ——甜點，上的是 Petits Fours，這是法語的「小蛋糕」，真的是很小，出了五種：可麗露、草莓塔、瑪德蓮、檸檬球、焦糖海鹽牛奶糖。在新加坡 FHA、香港 Hofex 的比賽都有這個項目，要求的作品是每個在八～十二克，剛好一口一個，比賽的是展示作品，台灣的選手都做得很漂亮，但吃不到，法森的 Petits Fours，卻是一口一個，好吃的不得了。

來法森吃飯，時間寬一點，心情優閒些，會吃得非常愉快。記得剛開幕時，廚房就在你眼前，實在很迷你，看著幾位師傅，穿梭自如，不一會兒菜就出現在桌上了，熬了幾年擴大到隔壁，麵包都自己做，菜當然也更精采。

info

法森小館

- 負責人：劉國卿Chris
- 地址：台中市西屯區忠南街42號
- 電話：（04）2372-1339
- 營業時間：11:30～14:00
  18:00～22:00
- 平均消費：980～1880元（午餐時段）
  1380～2500元（晚餐時段）

04 | 03 | 02 | 01

01 老闆 Chris 與米其林餐盤推薦的合照。
02 清幽的用餐環境，十分宜人。
03 法式紙包魚，大比目魚肉質鮮嫩。
04 陶罐鴨肉派，好看更好吃。

与玥樓頂級粵菜餐廳

日式庭園，令人驚豔的酒席桌菜

二〇〇五年星野銅鑼燒，在公益路排了好長、好久的隊伍，如今星野製菓已是餐飲集團——二〇一一年的Pinococo掀起了不小的義大利風，二〇一四年牛排教父合作的MEATGO，二〇一五年頂級粵菜与玥樓，二〇一六年JL Studio（台中唯一二星米其林），二〇一七年的三〇一大道，二〇二〇年最新的Chope Chope Eatery。

台中這兩年成了頂級粵菜的戰場，大家殺紅了眼，錢砸得更多，一間比一間奢華，但，食物好吃嗎？服務夠好嗎？價格合理？問与玥樓行政總主廚許文光，他回：「來吧！誰怕誰！市場是愈炒愈熱，只看你有沒有本事。」台中人都知道，与玥樓剛開幕時，風評並沒有很好，許文光則是救火隊，力挽狂瀾，才有了今天的与玥樓。

許文光是香港沙田人，家學淵源，從

小跟著父親，耳濡目染，老粵菜學得完整，更地道，許文光來台中前，在艾美飯店也是寒舍集團的御用廚師，全台首富蔡家人吃飯，多講究啊！這一身好功夫，在艾美退休後，讓台中撿到寶啦！

拍攝當天，許文光說：「為什麼大型餐廳拿不到米其林的星星？」那是因為米其林不會評大型餐廳，不知道大型餐廳也可以做到菜細緻、服務品質好，既有傳統飲食文化，也能呈現更高的CP值，不需氣餒，今年就看他了。

烏魚子叉燒，焦香黑叉燒，野生烏魚子，串著蒜苗吃，台粵混血兒。香煎豬肝，厚切、急速深炸後撈起，簡單的醬油，糖、酒收汁，好吃的不得了。野生七彩龍蝦炒鮮奶，廣州菜源自順德，順德絕技炒鮮奶，加上野生龍蝦肉，火候定生死。

黑蒜花膠燉皇帝雞湯，企作飼養九個

月的皇帝雞，自製天然發酵的黑蒜，花膠也就是魚肚，与玥樓用的是大型鱸魚花膠，真材實料，這是老廣最擅長的煲湯。

光哥炒米粉，當天小師傅都在忙，許文光親自炒，慢條斯理的 Table Show，新竹佛祖牌的細米粉，爆香的蝦夷蔥，純白的沙公蟹肉，文火慢炒，香氣四溢，炒米粉這樣的路邊小吃，在粵菜大師手裡，也成了鎮店的招牌菜。

到了粵菜餐廳，怎麼能錯過點心呢？中國菜系裡，點心最多、最全面，也最好吃的都在廣式茶樓裡，天鵝型的蘿蔔絲餅，手工現做，又香又酥，蘿蔔絲多汁入味，只吃一隻天鵝是不滿足的。

兒子前幾年選在与玥樓辦婚宴，親朋好友都說，從沒吃過這麼好吃的酒席菜！酒席菜能做到像單點的家常菜，才是真本

03 | 02 | 01

01 厚切香煎豬肝，下飯極品。
02 黑蒜花膠燉皇帝雞湯，醇香暖胃。
03 蘿蔔絲餅做成天鵝造型，想吃天鵝肉？

光哥炒米粉，大廚親自上陣！

事，許文光帶領的團隊，技術純熟，合作無間，能堅持，保持下去，那星星很快就來了，加油！

info

与玥樓

- 地址：台中市南屯區公益路二段783號
- 電話：（04）2382-9128
- 營業時間：11:30～14:30、17:30～21:30

麵廊Meelang

五星級烹調，藝術與飲食的交界點

落腳餃子，起腳麵。早年，北方人出外行旅，到了地頭，住進客棧或回家，才可以安心地吃頓飯，這一餐，最舒服的就是吃餃子，舒服莫過倒著（躺下），好吃莫過餃子。一早起床要趕路，家裡沒菜也沒做飯，最簡單的就是，下碗麵，湊合著吃吧！

吃麵是簡稱，也就是吃麵條，瘦瘦長長的（長壽），生日吃壽麵，就是長壽之意。吃麵很簡單，所以吃麵的小館，以前都不講究，吃碗好麵，卻吃得大汗淋漓，那叫暢快！二十一世紀了，可以改變嗎？拜台灣牛肉麵的競賽與興起（這得感謝馬英九與郝龍斌），吃麵條的專賣店，才愈來愈上檔次，日本的拉麵來到台灣，賣得貴森森，孰不知也是從大陸傳過去的。蘇州大街小巷的澆頭麵，最近上海有個麵館，只賣蟹黃麵，一碗三百六十元人民幣，杭

州號稱天下第一麵館「奎元館」，這些都應該來看看，台中在二〇一八年開出來的這家麵館。

麵廊——吃麵也成了一種享受，五星級飯店主廚，五星級的食物，讓食材的色、香、味發揮到極致，傳統中不失西式的美感，平實好吃的味道，賞心悅目的美，最重要的是用心，主廚用畢生的精力，做出每道餐點，連一碗附湯，都是精燉的雞湯。

紅油抄手：紅油亮麗微辣，三種辣椒，三種花椒，豬肉餡包著白蝦仁，真滿足啊！

成都擔擔麵：一定要有花生碎，秘密武器是酸豇豆，胡麻醬則是台日混血兒。

巴蜀口水雞：口水雞本是四川當地市場的小吃熟食，現點現調，雞煮得好，調味，家家有祕方，在麵廊吃上一塊，饞得口水流不止。

泡椒松花蛋：台灣剝皮辣椒撞四川泡

椒，自製的白醬油，開胃的糖醋味，點綴著漬薑片，平庸的皮蛋躍身一變，怎能叫小菜？

鍋盔：傳統川味麵點，酥、軟、香，白麵鍋盔，什麼都能夾，店裡用的是台灣溫體豬肉，酸豇豆為餡，比之西安肉夾饃、台灣刈包，你吃過就知道了！

皇城牛肋麵：湯底是牛筋、牛臉頰，川味辛香料熬煮而成。美國牛肋骨排，美國極黑和牛與牛肋骨排燉煮，霸氣十足的方式呈現，成就了鎮店之寶「皇城牛肋麵」。

藤椒過水魚：平凡的金目鱸魚，低溫泡熟，西式魚排作法，去頭去骨，川味藤椒、青、紅泡椒，衝擊出好吃，清爽，悅目的精緻魚味。

文學家汪曾祺，江蘇高郵人（蘇北靠北方），他說：吃麵不吃蒜，等於瞎扯淡。

03 | 02 | 01

01 白麵鍋盔，豬肉餡，味好實在。
02 巴蜀口水雞，獨門調味更添香氣。
03 擺盤精緻的泡椒松花蛋。

北方人吃麵，一手托碗，一手夾的不是大蔥就是蒜，而且有「吃麵不出聲，味兒減五分」的說法，這是傳統環境所產生的情境，如今麵廊這樣的麵館出現，吃麵，也可以是種享受了。

經營者是兄妹兩人，哥哥學的是西餐，多年行政主廚的經驗，融合中西，這才是Fasion；妹妹則是被哥哥逼的（她說的），一頭栽進來，兩年多的日子，到二〇二〇年米其林推薦的加持，生意更穩定。最後，衷心地希望，這樣的麵館，如同那雨後春筍般地冒出，就是台灣人的福氣啦！

info

麵廊

- 地址：台中市南屯區公益路2段612號
- 電話：（04）2252-3899
- 營業時間：11:30～14:30、
  17:30～20:30（週三公休）

03 02 01

01 鎮店招牌菜——皇城牛肋麵（示意圖）。
02 老闆用心地烹調麵食料理。
03 自製拌醬是一大特色，僅在店裡販售。

又見一炊煙

日式禪風，無菜單料理，歡迎來吃飯

一進門，拾階而上，見到柴燒爐灶，遙想台灣早期勤勞刻苦農家，燒柴煮飯，炊煙裊裊，因此而命名。

人活著不是為了吃飯，但不吃是沒辦法活下去。若只是要吃飽，去「仙唐跡」吃個桂竹筍燜肉，配大米飯就可以；去「又見一炊煙」吃飯，就不一樣了！

從入門的石階緩緩而上，木屋、花藝、楓樹，脫了鞋（放鬆到底）踩在木地板，進入室內，迎接你的是彈古箏的女士，左手邊燃燒著炭火的暖爐（拍攝當天，強烈寒流，外面只有五度），映入眼簾的是優閒自在用餐客人，目光所及，看到窗外若隱若現的開闊山景，真舒服！在這裡用餐，就不只是吃飯，而是一種享受。

二〇〇七年開店，過兩年去吃了頓飯，驚豔的是從小在大坑混，竟然不知有這樣的景緻，起霧、黃昏、放晴後的萬家燈火，

台中市盡收眼底。雨後的清新，與鏡面池塘的倒影都很美，外面的紅楓葉在那木屋走廊下，靜靜地坐一會兒，吃什麼真的不重要了！

十年過去，景更美，換成餐點令人讚嘆（無菜單料理），道道用心。從前菜炙燒烏魚子搭蘋果，醬燒九孔鮑開始，接著軟炸胭脂蝦，色亮鮮嫩，這只是熱前菜。龍膽石斑魚湯，清澈魚高湯添些菌菇，肌裡清晰的魚片，輕輕一涮，蘸點芥末薑，提鮮也爽口。主菜是牛小背松露醬汁，適口的牛肉，香氣十足的醬汁；雞高湯輕燙無毒季節時蔬，處處是田園味，來個烤麻糬，鋪底的黑芝麻醬，完美的Ending。客製化的服務，只要事先告知，食材依客人的忌諱來更換，不想吃正餐，可以來吃下午茶，享受一樣的情境。

上次《尋味台中》介紹仙塘跡，是又

見一炊煙老闆的另一家餐廳，菜好吃，這次限於篇幅，只補了幾個菜：白斬雞蘸桔醬，桂竹大封，還有招牌燜筍。

想吃得暢快盡興就去仙塘跡，而來又見一炊煙，是吃情境與氛圍，要慢慢、細細地品味餐點以外的事物，兩家都是好餐廳，就看閣下您，是為何而去了！

01 店裡提供炭爐，冬天造訪也不懼寒意。
02 前菜：炙燒烏魚子搭蘋果，鹹甜，衝突中的美味。
03 軟炸胭脂蝦，沾點細鹽品位蝦的鮮美。
04 牛小背配松露醬汁，醬汁濃而不膩口。
05 烤麻糬蘸黑芝麻醬。

05	03	01
	04	02

info

又見一炊煙

- 地址：台中市新社區中興嶺街一段107號
- 電話：（04）2582-3568
- 營業時間：11:00～21:00

02 | 01

01 龍膽石斑魚湯，過橋，清鮮味美。
02 店內提供下午茶。

上海未名酸梅湯麵點

時髦早午餐，酸菜麵配酸梅湯

店名取名為「未名」，卻非常有名。一九五〇年開店，居仁國中、台中女中、老市政府之職員，未有不知其名，有許多人從初中吃到現在已是七十多歲的老頭子、老太婆，作者是國中第一屆，一九六八年一碗招牌酸菜麵三元，排骨麵大概就是十元，記不太清楚，因為要存很久的錢才能吃一碗排骨麵。最常吃的是酸菜麵配酸梅湯，而且是早餐就吃。「未名」從開店就是現在最時髦的早午餐風格，早餐屬於學生與市府人員，到了中午幾乎是市府人員與老師的天下。

早期軍人之待遇極其微薄，孩子多，配給的糧是不夠吃的，為了養家活口，不得不做些小生意來貼補家用，就把家鄉的一些手藝轉化為謀生工具。現在的負責人吉媽媽是第二代，第三代吉媽媽的二媳婦也接手了，店內的麵食很簡單，卻是典型

的南北和。

酸菜麵，酸菜是台灣酸菜，上海沒有，但湯底與排骨的作法，卻有著濃濃的上海味，醃製的蔥與香菜為北方的作法，而自製的辣油卻是川湘味，台灣獨特的眷村飲食文化，就是為了生存而形成。一般炸醬一定是有絞肉或肉丁，但未名的炸醬是素醬，來碗酸菜麵配個素醬，一樣好吃，店裡的擔擔麵與四川的擔擔麵也不一樣，有酸菜、麻醬、醋，還有秘而不宣辛香料，就成了獨門的擔擔麵。

店裡最熱門搶手的，既不是酸菜排骨麵，也不是素炸醬麵，而是免費的蔥，一把五斤的蔥，一天要用七把，多麼驚人的數字！（因為免費取用，在蔥最貴的時候，還得把蔥藏起來）雖然是免費，但醃漬蔥，卻是一天的大事，從洗清、撿、到拌，一點都不馬虎，那麼好吃，配方當然是秘密，

03 | 02 | 01

01 自創擔擔麵配十元蛋湯。
02 自製的香腸還算好，醃製的蔥段才叫厲害！
03 酸菜排骨麵，配上自製的川味辣油和素醬。

也許以前是在學校邊，所以佛心，至今一碗蛋包湯十元，這鐵定是全台中最便宜的蛋湯（還是必比登推薦的），不是蛋花湯，是一個一個煮的蛋包喔！

最早店就在居仁國中後門旁邊，就像台灣剛來的軍眷一樣，搭一個簡易的圍籬就開始做生意了，這塊地以市價而言，頗有價值；但吉媽媽最後捐給了學校，才搬到了現地。

到店裡吃麵不要被嚇到了，櫃台有麥克風，為了向廚房點麵，工作人員個個嗓門不小，多去幾回，就能感受到熱情與真誠了。

02 | 01

01 免費取用的蔥，是店裡的人氣王。
02 媳婦認真地醃漬蔥段。

info

上海未名酸梅湯麵點

- 地址：台中市中區市府路69號
- 電話：（04）2225-0377
- 營業時間: 07:00～13:30
- 平均消費：100元上下

1

阿坤麵

老字號人氣麵攤，米其林推薦的平價美食

台中市米其林必比登第一次就推薦傳統小麵店，這還真是台中獨特的拉仔麵店，創始人是阿坤的媽媽。民國五十幾年，阿坤的爸爸媽媽推著攤子，在光復國小旁邊賣麵，民國五十七年，我念居仁國中（國中第一屆），每天從三民路騎腳踏車到居仁國中，途中就會經過阿坤麵，那時阿坤麵搬到豪華戲院旁邊，還是推著攤，蹲在地下洗碗。一大早是光復國小的小朋友來吃早餐，一窩蜂湧上，阿坤與老婆，忙得是又喊又罵（有的小朋友沒付錢就跑了），所以在這時期就是先收錢後給麵，阿坤動作慢慢的，老婆邊拉（音ㄌㄚˋ）麵邊罵人，當時是阿坤老婆說了算，他的孩子們也是乖乖聽話幫忙。

到了假日，聯美大戲院、豪華大戲院、金馬遊樂區（地下室有游泳池，開冷氣，游完嘴都凍紫了），這裡是台中最熱鬧的

娛樂區，生意從一大早的學生客群忙到中午收攤。雖然在我吃的時候一碗麵三元，收入確實不錯也安穩，平靜日子不久，「大家樂」瘋起來了，報名牌、簽牌成了主業，那時候去吃麵，就要看阿坤老婆的臉色，前晚簽中了，就有碗舒服的麵吃；反之，從阿坤開始，他的小孩（很小就在攤子幫忙），還有客人都得小心翼翼的，等到終於明白永遠是組頭贏，已經不知道填了多少的賣麵錢。

阿坤麵之前是沒有店名的，最近幾年才立個「阿坤麵」的招牌，賣的東西很簡單，拉仔麵，不是炒麵，也不是大麵炒，這是有區別的。拉仔麵用的是黃麵，在滾燙的開水裡，上下抖動，撈出後，澆上自製的肉臊，阿坤的肉臊與別的麵店有所不同，勾的芡較濃稠，添加一些綠豆芽（沒有韭菜），再加上一匙台中特有的甜辣醬。

一般台中人都用的是東泉甜辣醬，阿坤麵卻是兩個品牌，另一種是大明甜辣醬。阿坤的大兒子說：兩種辣醬各有風味，但台中人就是少不了甜辣醬。另一項自製的水晶餃，可湯可乾，數十年來味道不變。別的麵店，都會賣一些大腸、粉腸來搭豬血湯，他們沒有。

一碗綜合湯，內有水晶餃、丸子、豆腐、油豆腐、豬血湯，賣四十元；一碗乾水晶餃三十元，一份小麵三十元，共計一百元。

必比登推薦，通常是一千元可吃三道美食，到阿坤麵只要花一百元。

阿坤已經八十多歲，有四個兒子，三個接手，不但太太們都有來幫忙，阿坤的孫子們也會在假日來打工（有算工資啦），現在又有米其林的加持，多了慕名而來的觀光客，更忙了！

04 | 03 / 04 | 01

01 自製的水晶餃，配上大明甜辣醬，好滋味。
02 綜合湯料多又平價。
03 豬血湯，豬血嫩、湯不腥。
04 阿坤的肉臊勾芡濃稠，是一大特色。

台中人真是好福氣，一週去一次阿坤麵，就可以說：「我們台中人啊，吃米其林像走灶腳（廚房）一樣！」下回去吃要早一點，就會看到阿坤本尊；晚了，他老人家騎孔明車（腳踏車）去蹓躂了！

阿坤姓江，名錦福，問他的兒子為什麼老爸叫阿坤？沒有人知道，知道的人都去當天使了！

info

阿坤麵

- 地址：台中市中區平等街142號
- 電話：0955-923-877
- 營業時間：06:00～13:00
  （不定時公休）

02 | 01

01 第三代接手的三兄弟。
02 阿坤的孫子們假日時也會來幫忙。

米其林的困惑：美食的定義？

二〇二〇年米其林台中首次評鑑，一家二星、三家一星、二十家必比登，三十一家餐盤推薦美食。公布後，台中人看得一頭霧水，除四家星星外，其他的，真是有看沒有懂，如何評斷？標準何在？好吃？便宜？環境佳？服務好？還是壽命長？

當然，評審是人，不是神，有他的主觀性，但起碼基本的客觀標準要有，對台中的餐飲發展史也要了解一些。

這個單元報導六家：二家必比登，四家餐盤推薦，有一百元就可以吃三道的拉仔麵，一客一千元起跳的法式餐廳與頂級粵菜，他們的特質是：認真、用心、堅持。

六十年其味不變的小麵攤、家學淵源數十年傳統粵菜、因地制宜的法國菜，還有那雲深不知處的情境餐廳、一碗酸菜排骨麵，台灣傳統酸菜與上海炸排骨的組合。

從小吃到大，最讓人驚豔的是，台灣麵館昇華，讓吃麵，成了享受。

米其林的加持，是好？還是……現在是快速的網路社會，好，傳得快；不好，傳得更快，「人怕出名豬怕肥」，雖是老話，現今更適用，有了盛名，包袱重，更會用放大鏡來檢視。拿到推薦是肯定，更重要是做好自己的本分工作，努力、精益求精、鍥而不捨，也許有一年星星就來了。

逛逛菜市場

來趟台中傳統市場美食之旅

逛傳統市場，不是婆婆媽媽的特權，
一位好廚師，不但要經常去市場繞繞，
更愛去市場尋寶。隨著季節的變化，
產地的更迭，一年四季都可發現好東西，
有的食材只有在特定的市場才有的，
有些專賣店，比正規餐廳做得還好吃，
因為單一專注在一個品項之故。
這些傳統市場和我們的生活息息相關，
與台中的發展更是密不可分，
簡單地介紹幾個傳統市場，
我所喜歡的食物與食材。

一、建國市場

原為中部最大的批發零售公有市場，因建國新村的眷屬搬遷到北屯進化路，才成了建國市場，數十年之後，幾年前搬到現址：建成路，海鮮、肉品、蔬菜、南北雜貨皆有。有一個小攤，太平趙記商行，賣手工做的雲南大頭菜、四川榨菜，是山東籍的岳父傳授給他的，榨菜到處有，他們做得脆而有味，就是那榨菜的老味道，至於雲南大頭菜，大概就只剩他一家在做，和大陸做的不同，但有自己的風味。建國市場有為原住民保留了十個攤位，結果只有一位原住民在賣菜，他的隔壁賣手工丸子，老闆是從清水來的年輕夫婦，純手工做的牛肉丸子，不比大陸潮汕地區的差，福州丸、燕丸都好吃，單價雖高了些，但值得。萬家香大概是中部最大的臘肉專賣店，老闆是苗栗客家人，礦工的兒子，如今已當上爺爺，從金華火腿、家香肉到臘肉、臘魚、臘雞、臘香腸都有。

info

- 地址：臺中市東區泉源里建成路500號
- 電話：（04）2224-1440
- 太平趙記商行：八路三街C區390
- 宸手工丸：B區293
- 萬家香：C區308

二、東興市場

市場內有一條二十年前不存在的六米街，此街原為梅川大圳，填平後鋪柏油路成了水利地，路寬六米而得此名，地籍圖上根本找不到六米街，但此街卻養活了十幾個攤位。有位大漢（大個子）賣了幾十年的雞、鴨、鵝，用最簡單的作法，鹽水煮，煮得剛剛好，附帶賣鵝肝、鵝胗，煮好的一副二十五元，便宜得不知該如何形容了，高湯還免費送，這是台灣菜市場最可愛的地方。

info

- 地址：臺中市北區光大里湖北街東興市場A區62號
- 電話：（04）2201-9745
（自治會負責攤位聯絡電話）
- 雞鴨鵝攤位：六米街9號（東興市場內）

三、一心市場

五十年前新北里最熱鬧的市場，緊鄰莒光新城，是台中第一個眷村改國宅的示範社區，眷村味在這裡保存得很有意思，市場內已經十室九空，外面比裡面熱鬧。傅姓姊妹，義烏人，賣的是上海味，有肉丸子（極佳）、盆菜，過年時還有賣臘肉。裡面有個老廣滷味，老廣傳給現在的老闆，加起來經營也有五十個年頭，最好吃的卻是鹽水鴨。隔壁是富山珍米食之家，傳統米食，汪姓創辦人是湖北人，娶了台灣媳婦，從賣雜貨到米食，已經六十年、三代人傳承，發糕、油飯、紅龜粿、芋粿，店裡都有，地道好吃、價錢公道，湖北人自創的台灣米食，故事可長了。市場內有家肉攤，長年不開，只有農曆年前二～三個月才從美國回來賣臘肉，胡姓湖南人，賣正宗的湖南臘肉和辣香腸。

info

- 地址：台中市北區新北里錦南街50-2號
- 電話：（04）2233-3230
- 傅姓姊妹：在錦中街13巷2-11號 對面
- 富山珍米食：三民路三段214-16號（市場內）
- 老廣滷味：在富山珍米食隔壁

四、第五市場

好吃的東西很多，但丸東商號就是不一樣，年菜賣到上了電視，本業是魚漿製品，好吃的手工魚丸、魚餅，形狀都不一樣，但，就是好吃也吃得安心，藝出丸文，卻不遑多讓。

info

- 地址：臺中市西區大明街9號
- 電話：（04）2227-9299
- 丸東商號：8號攤位

五、第二市場

台中名氣最大的市場，至今已百年歷史。丸先鮮魚行，歷經三代，第一代只賣大魚，旗魚、鮪魚的全加工，當時鮪魚不值錢，都做成魚鬆、魚丸，如今鮪魚價錢不菲，魚漿製品技術源自日本人，不斷研發改良成了今日丸先的作法，三代人用心經營，生魚片新鮮又好吃，早上現炸出鍋的牛蒡魚餅，用手捏著吃，不用沾醬，美味極了，去晚了就賣完囉……

info

- 地址：臺中市中區三民路二段87號
- 電話：（04）2225-4222
- 丸先鮮魚行：固定攤26號

六、北平黃昏市場

地點好，下午三點後，甚麼都有，「興」烤鴨，烤鴨好吃，烤雞更好吃，只是，不一定碰得到。妹妹與兄嫂三人，二十多年來就賣這兩樣，烤雞好吃到值得買一整隻回家，吃不完，沒關係，雞肉撕成粗絲，涼拌小黃瓜，就成了山東菜——燒雞拌黃瓜。另一家素食的熟食攤，菜擺放得很整齊乾淨，麻油素糯米飯比葷的還好吃，炒米粉、炒冬粉沒有肉，沒有蝦米，一樣香，父母與兒子一家人，希望未來開個素食餐館，這麼好吃，一定會如願。

info

- 地址：台中市北區北平路二段165號
- 「興」烤鴨：（04）2203-5820、（04）2298-8555
- 東榮素食：0936-240-082

七、四張犁黃昏市場

五十年前這裡是台中的郊區，人煙稀少、路狹小，公車難到，買菜都是件辛苦的事，多了這個市場，雖是私有的，面積也不大，倒是方便了附近的居民。市場內有家賣大餅、煎包的攤位，數十年了從不漲價（最近好像有點縮水），問他師承何處？不回應，也不接受報導，但他的發麵大餅就是好吃，另外有賣茶鵝、鹹水鵝的攤子，也賣了三十多年，東西好吃，還送你鵝高湯，厚厚的鵝油拌著青菜，好味道！這個市場沒有編號，放眼望去一覽無遺，去得太早，東西不全；去晚了，收攤回家了。

info

- 地址：台中市北屯區四平路475-1號
- 電話：（04）2422-2269

限於篇幅，介紹不完，
傳統市場大多提供給附近的住家方便，
多數產品大同小異，但時間久了，
自然的就有一些特殊的熟食出現，
稀有的季節食材，只有專人會賣，
因為用心就有饕客聞香而去。

一點利市場出來的熟食，
日本料理小店，如今成了餐飲集團（是福？還是……不得而知），
在農曆年前後，只有在建國市場找得到蒜薹，
這段時間東興市場有個小攤，只賣豌豆莢、荷蘭豆、
新鮮豌豆仁（便宜到昏倒），這些都是逛市場的樂趣。

跋

四十七家店、四十七種個性、店有個性、人更有，大店小吃都有自己的風格，是我這本書想表達的，好不好吃？見仁見智，青菜蘿蔔各有所好，憂心的是所看到的現象。

一是不會吃、不懂吃，不知店家的靈魂是什麼？該怎麼吃？食物是冷是熱，還是溫的才好吃？不會點菜，也不會配菜，認為店家是萬能的，什麼菜都能做。二是錯字滿天飛，中國菜的命名是有根據的，不是憑空杜撰，抄手變炒手、羹湯成焿湯、滷肉變魯肉，到底是焢肉？爌肉？還是炕肉呢？台灣特有的地方小吃，有自己閩南語的叫法，無可厚非，有的有音無字，何必硬要套個字呢？

官方台灣閩南語常用辭典，姚榮松教授主導編撰，開宗明義地說：「用正確的字寫想說的話。」炕肉飯是正確的寫法？摵仔麵就是切仔麵？有沒有人看得懂下面這段話是什麼意思：「我予這幫車摵甲強欲吐。」還有「貽賂鬼、卡嚣俳……」這些詞語。

炕，讀音念作ㄎㄤˋ，有烤、烘乾，也是大陸西北地區的臥榻，而《台灣閩南語常用辭典》說是「炕肉飯」。

摵，讀音念作ㄕㄜˋ，指樹葉掉落，枝頭光禿禿的樣子。但教育部《台灣閩南語常用辭典》裡：上下用力搖晃，就念成「摵（tshik）仔麵」。

文字的霸權可以讓一個迂腐透頂的老學究，達到一言九鼎，普渡眾生的目的。

祖籍河南，父母皆來自豫，是道地河南人，生在台中，長在台中，寫的也是台中市的美食，在家裡兄弟姊妹間說的是河南方言（彼此不習慣說國語），左鄰右舍是台灣人，很溜的台語。大麵羹、大麵炒、滷肉飯能吃，更愛麵食的餃子與打滷麵，正式的法國菜，粗獷的美國風，細膩的日本料理也都喜歡嘗試。

沒有哪國菜、哪個菜系是最獨特的，只有在對的時間裡與對的人、對的食物，這些碰到一塊兒，就是最好吃的一頓飯了。

吃在台中
47 家風味餐廳
品味台中的食光記憶

作　　者　岳家青
編　　輯　蔡玟俞
校　　對　蔡玟俞、黃子瑜
　　　　　岳家青、徐珮宸
封面設計　劉錦堂
內頁美編　劉錦堂、陳玟諭
攝　　影　張介宇

發 行 人　程顯灝
總 編 輯　盧美娜
發 行 部　侯莉莉、陳美齡
財 務 部　許麗娟
印　　務　許丁財
法律顧問　樸泰國際法律事務所許家華律師

藝文空間　三友藝文複合空間
地　　址　台北市大安區安和路二段
　　　　　213號9樓
電　　話　(02) 2377-1163

出 版 者　四塊玉文創有限公司
總 代 理　三友圖書有限公司
地　　址　106台北市大安區安和路2段
　　　　　213號4樓
電　　話　(02) 2377-4155
傳　　真　(02) 2377-4355
E － mail　service@sanyau.com.tw
郵政劃撥　05844889 三友圖書有限公司

總 經 銷　大和書報圖書股份有限公司
地　　址　新北市新莊區五工五路2號
電　　話　(02) 8990-2588
傳　　真　(02) 2299-7900

初　　版　2021年08月
定　　價　新台幣420元
ＩＳＢＮ　978-986-5510-82-4（平裝）

三友官網

三友LINE@

SANYAU
http://www.ju-zi.com.tw
三友圖書
友直 友諒 友多聞

國家圖書館出版品預行編目(CIP)資料

吃在台中：47家風味餐廳 品味台中的食光記憶／岳家青作. -- 初版. -- 臺北市：四塊玉文創有限公司, 2021.08
面；　公分
ISBN 978-986-5510-82-4(平裝)
1.餐廳 2.餐飲業 3.臺中市

483.8　　110009548

享受 台灣城市輕旅行

慢旅。台灣 風俗美景：跟著深度旅行家馬繼康遊台灣

作者：馬繼康／定價：360元

城鎮漫步、鐵道尋訪，品味老建築的迷人風韻；部落慶典、民俗盛事，感受最道地的風土人情，透過10條深度旅遊路線，和馬繼康一起放緩步調，行腳台灣，才能看見好風景。

慢旅。台灣 尋味訪古：跟著深度旅行家馬繼康遊台灣

作者：馬繼康／定價：360元

山林挖筍、蓮田採藕，到產地品嘗食材的新鮮滋味；踏山尋梅、緣溪步行，體會多元文化共譜的深厚歷史，透過10條深度旅遊路線，和馬繼康一起放緩步調，行腳台灣，慢慢來，才能看見好風景。

台北最好玩：Muying帶路深度遊台北：4大主題×30條路線×199個景點

作者：李慕盈／繪者：賴雅琦／定價：399元

踏訪台北11+1區，感受台北來自四面八方的活力，從老台北的復古風情，到現代台北的新潮繁華，帶你體會新舊台北交織出的獨特韻致。從這一區到那一區，無論文青派、潮流派或旅遊派，都能在此找到專屬你的台北方程式！

週休遊台灣：52+1條懶人包玩樂路線任你選（增訂版）

作者：樂遊台灣小組／定價：350元

週休怎麼玩，52+1條精選懶人包行程，手機一掃，跟著QRcode出發！不論是想親近自然，與台灣特有生物近距離接觸；還是想來場懷舊之旅，訪古屋建築；或要探索巷弄美食、深入當地生活，帶著本書出發，就能感受福爾摩沙的迷人魅力！

感受 料理美好的食光

蔬食餐桌：50位料理達人跨界合作，私房主廚×生態廚師激盪出100道創意料理

作者：史法蘭，朱美虹／定價：420元

跟著找找私廚——史法蘭、美虹廚房——朱美虹，邀請50位私房主廚、生態廚師跨界合作，以25種蔬果，搭配魚肉、海鮮，做出100道創意料理，從前菜、主餐、主食到甜點，讓你愛上蔬菜、戀上水果。

舒心廚房

作者：姊弟煮廚 PAULINA&JERRY CHEN

定價：430元

在這個心愛的小廚房裡，有午後灑進窗台的溫暖橘陽，有我們喜歡聽的輕柔音樂，還有百吃不厭的質樸家常菜。姊弟煮廚邀你一同下廚，為自己與家人煮出一桌幸福食光。

林太燉什麼-燉一鍋暖心料理：50道鍋物料理：牛肉×豬肉×雞肉×海鮮×蔬菜，輕鬆烹煮，一鍋搞定。

作者：陳郁菁Claudia／定價：350元

佛羅倫斯燉牛肚、拿坡里鑲中卷、地中海式燉雞、白酒時蔬迷迭香燉梅花豬……超過50種燉煮料理，囊括中西各國風味，以實用的肉類、海鮮、蔬食分類，超簡單的燉煮技巧，讓你一看就懂、一學就會。

10秒鐘美食教室：秒懂！那些料理背後的二三事

作者：Yan

審定：台灣慢食協會理事長 岳家青

定價：350元

為什麼叫愛玉？南北粽哪裡大不同？花枝、魷魚、章魚到底怎麼分？讓超人氣圖文創作者「10秒鐘教室」，以鮮明易懂、詼諧有趣的圖文創作告訴你藏在飲食裏的祕密！

廣　告　回　函
台北郵局登記證
台北廣字第2780 號

地址：　　縣/市　　鄉/鎮/市/區　　路/街

段　　巷　　弄　　號　　樓

SANYAU

三友圖書有限公司 收

SANYAU PUBLISHING CO., LTD.

106　台北市安和路2段213號4樓

SANYAU
三友圖書
讀書俱樂部

\ 粉絲招募歡迎加入 /

臉書／痞客邦搜尋
「四塊玉文創／橘子文化／食為天文創
三友圖書——微胖男女編輯社」
加入將優先得到出版社提供的相關
優惠、新書活動等好康訊息。

四塊玉文創×橘子文化×食為天文創×旗林文化
http://www.ju-zi.com.tw
https://www.facebook.com/comehomelife

【黏貼處】對折後寄回，謝謝。

親愛的讀者：

感謝您購買《吃在台中：47家風味餐廳 品味台中的食光記憶》一書，為感謝您對本書的支持與愛護，只要填妥本回函，並寄回本社，即可成為三友圖書會員，將定期提供新書資訊及各種優惠給您。

姓名＿＿＿＿＿＿＿＿ 出生年月日＿＿＿＿＿＿＿＿

電話＿＿＿＿＿＿＿＿ E-mail＿＿＿＿＿＿＿＿

通訊地址＿＿＿＿＿＿＿＿

臉書帳號＿＿＿＿＿＿＿＿

部落格名稱＿＿＿＿＿＿＿＿

1 年齡
□18歲以下 □19歲～25歲 □26歲～35歲 □36歲～45歲 □46歲～55歲
□56歲～65歲 □66歲～75歲 □76歲～85歲 □86歲以上

2 職業
□軍公教 □工 □商 □自由業 □服務業 □農林漁牧業 □家管 □學生
□其他＿＿＿＿＿＿＿＿

3 您從何處購得本書？
□博客來 □金石堂網書 □讀冊 □誠品網書 □其他＿＿＿＿＿＿＿＿
□實體書店＿＿＿＿＿＿＿＿

4 您從何處得知本書？
□博客來 □金石堂網書 □讀冊 □誠品網書 □其他
□實體書店＿＿＿＿ □FB（四塊玉文創／橘子文化／食為天文創三友圖書 ── 微胖男女編輯社）
□朋友推薦 □廣播媒體

5 您購買本書的因素有哪些？（可複選）
□作者 □內容 □圖片 □版面編排 □其他＿＿＿＿＿＿＿＿

6 您覺得本書的封面設計如何？
□非常滿意 □滿意 □普通 □很差 □其他＿＿＿＿＿＿＿＿

7 非常感謝您購買此書，您還對哪些主題有興趣？（可複選）
□中西食譜 □點心烘焙 □飲品類 □旅遊 □養生保健 □瘦身美妝 □手作 □寵物
□商業理財 □心靈療癒 □小說 □繪本 □其他＿＿＿＿＿＿＿＿

8 您每個月的購書預算為多少金額？
□1,000元以下 □1,001～2,000元 □2,001～3,000元 □3,001～4,000元
□4,001～5,000元 □5,001元以上

9 若出版的書籍搭配贈品活動，您比較喜歡哪一類型的贈品？（可選2種）
□食品調味類 □鍋具類 □家電用品類 □書籍類 □生活用品類 □DIY手作類
□交通票券類 □展演活動票券類 □其他＿＿＿＿＿＿＿＿

10 您認為本書尚需改進之處？以及對我們的意見？
＿＿＿＿＿＿＿＿

感謝您的填寫，

您寶貴的建議是我們進步的動力！

【黏貼處】對折後寄回，謝謝。